nuevos
puentes
new bridges

Editorial Gustavo Gili, S.A.

08029 Barcelona   Rosselló, 87-89. Tel. 322 81 61
México, Naucalpan 53050   Valle de Bravo, 21. Tel. 560 60 11

GG

Joan Roig

nuevos
puentes
new bridges

El presente libro tiene como objeto mostrar una amplia selección de puentes construidos o proyectados en el último decenio, haciendo especial hincapié en aquellos ejemplos que, de alguna forma, buscan nuevas formas de expresión, tanto formales como espaciales. El papel desarrollado en este sentido, desde inicios de los ochenta, por Santiago Calatrava ha sido sin duda más que relevante. Por ello, tanto el autor como el editor lamentan la ausencia en esta selección de alguna de sus obras, haciendo constar que la exclusión ha sido por su voluntad expresa, prefiriendo no figurar, junto a otros profesionales, en este volumen.

The aim of the present book is to offer an extensive selection of bridges constructed or designed over the last ten years, placing particular emphasis on those examples that have in some way set out to explore new formal and spatial possibilities. The contribution made in this field since the early eighties by Santiago Calatrava has unquestionably been of the greatest significance. This being the case, both the author and the publisher regret the absence from this selection of any exemple of Calatrava's work, and wish to make it known that this exclusion is a result of the expressly stated request of the architect himself, who chose not be featured in this volume alongside other collegues.

Ninguna parte de esta publicación, incluido el diseño de la cubierta, puede reproducirse, almacenarse o transmitirse de ninguna forma, ni por ningún medio, sea éste eléctrico, químico, mecánico, óptico, de grabación o de fotocopia, sin la previa autorización escrita por parte de la Editorial. La editorial no se pronuncia, ni expresa ni implícitamente, respecto a la exactitud de la información contenida en este libro, razón por la cual no puede asumir ningún tipo de responsabilidad en caso de error u omisión.

All rights reserved. No part of this work covered by the copyright hereon may be reproduced or used in any form or by any means —graphic, electronic, or mechanical, including photocopying, recording, taping, or information storage and retrieval systems— without written permission of the publisher. The publisher makes no representation, express or implied, with regard to the accuracy of the information contained in this book and cannot accept any legal responsibility or liability for any errors or omissions that may be made.

© Editorial Gustavo Gili, S.A., Barcelona 1996

Printed in Spain
ISBN: 84-252-1681-8
Depósito legal: B. 16.586-1996
Impresión: Grafos, S.A. Arte sobre papel

Agradecimientos

A mis padres

Quisiera agradecer la labor de Xavier Güell en la edición de este libro; los consejos de Enric Batlle, Pere Joan Ravetllat, Pedro Azara y Carme Ribas; la ayuda en la redacción del texto de Lluís Maldonado; la constancia en la recopilación del material gráfico de Mar Batalla y la paciencia en la transcripción del original de Txell Martí i Teresa Galí. Finalmente, reconocer que este libro no hubiera sido posible sin *a little help of my friends*: Beth, Pere, Martí, Alfons y Joan.

Acknowledgments

To my parents

I would like to thank Xavier Güell for the preparation and publication of this book; Enric Batlle, Pere Joan Ravetllat, Pedro Azara and Carme Ribas their advice; Lluís Maldonado for his help in composing the text; Mar Batalla for her painstaking care in the reproduction of the graphic material, and Txell Martí and Teresa Galí for the transcription of the original text. It only remains for me to acknowledge that this book could not have been written without "a little help from my friends": Beth, Pere, Martí, Alfons and Joan.

Índice

Agradecimientos	5
Cinco comentarios a la historia de los puentes	8

Ciudad y espacio público — 35

Pasarela sobre el río Támesis. Londres, Gran Bretaña. 1994
Sir Norman Foster — 36

Puente sobre el río Besós. Barcelona, España. 1988
Enric Batlle y Joan Roig — 38

Pasarela Solferino sobre el río Sena. París, Francia. 1994
Marc Mimram — 44

Pasarela en Vic. Barcelona, España. 1992
Ton Salvadó, Sebastià Jornet, Carles Llop y Joan Enric Pastor — 50

Pasarela sobre la Ronda de Dalt. Barcelona, España. 1990
Jordi Farrando — 56

Pasarela sobre la Ronda de Dalt. Barcelona, España. 1992
Josep Llorens y Alfons Soldevila — 60

Puente en Petrer. Petrer, Alicante, España. 1992. Carme Pinós — 66

Puente sobre el río Spree. Berlín, Alemania. 1991
Albert Speer & Partners — 72

Historia y metáfora — 77

Pasarela en el complejo industrial Braun AG. Melsungen, Alemania. 1993. James Stirling y Michael Wilford — 78

Gimnasio puente. South Bronx, Nueva York, Estados Unidos. 1978
Steven Holl — 86

Pasarela en el Museumpark. Rotterdam, Holanda. 1990
Rem Koolhaas — 88

Puente en Columbus. Columbus, Indiana, Estados Unidos. 1992
Emilio Ambasz — 94

Bridge Over a Tree. Mineápolis, Estados Unidos. 1970
Noaa Bridges. Seattle, Washington, Estados Unidos. 1983
Gazebo for two Anarchists. Storm King, Mountainville, Nueva York, Estados Unidos. 1993. Siah Armajani — 98

Traslucent Bridge. Fort Aspern, Estados Unidos. 1989
Pont des Arts. París, Francia. 1983. Peter Wilson — 100

Puente en Ross's Landing. Chattanooga, Tennessee, Estados Unidos. 1991. Site — 102

Puente sobre el río Sil. Ponferrada, León, España. 1983
Andrés Lozano — 108

Contents

Acknowledgments	*5*
Five commentaries on the history of the bridge	*8*

City and public space — 35

Footbridge over the river Thames. London, Great Britain. 1994
Sir Norman Foster — 36

Bridge over the river Besos. Barcelona, Spain. 1988
Enric Batlle and Joan Roig — 38

Solferino Footbridge over the river Seine. Paris, France. 1994
Marc Mimram — 44

Footbridge in Vic. Barcelona, Spain. 1992
Ton Salvadó, Sebastià Jornet, Carles Llop and Joan Enric Pastor — 50

Footbridge over the Ronda de Dalt. Barcelona, Spain. 1990
Jordi Farrando — 56

Footbridge over the Ronda de Dalt. Barcelona, Spain. 1992
Josep Llorens and Alfons Soldevila — 60

Bridge in Petrer. Petrer, Alicante, Spain. 1992. Carme Pinós — 66

Bridge over the river Spree. Berlin, Germany. 1991
Albert Speer & Partners — 72

History and metaphor — 77

Footbridge in the Braun AG industrial complex. Melsungen, Germany. 1993. James Stirling and Michael Wilford — 78

Gymnasium bridge. South Bronx, New York, United States. 1978
Steven Holl — 86

Footbridge in Museumpark. Rotterdam, Holland. 1990
Rem Koolhaas — 88

Bridge in Columbus. Columbus, Indiana, United States. 1992
Emilio Ambasz — 94

Bridge Over a Tree. *Minneapolis, United States. 1970*
Noaa Bridge. *Seattle, Washington, United States. 1983*
Gazebo for two Anarchists. *Storm King. Mountainville, New York. United States, 1993. Siah Armajani* — 98

Translucent bridge. *Fort Aspern, United States. 1989*
Pont des arts. *Paris, France. 1983. Peter Wilson* — 100

Bridge in Ross's Landing. Chattanooga, Tennessee, United States. 1991. Site — 102

Bridge over the river Sil. Ponferrada, León, Spain. 1983
Andrés Lozano — 108

Construcción y disciplina — 115

Puente para ferrocarril sobre la vega baja del río Guadalquivir. Sevilla, España. 1992
José Antonio Fernández Ordóñez y Julio Martínez Calzón — 116

Pasarela sobre la Avenida 24 de Julio. Lisboa, Portugal. 1993
Eduardo Souto de Moura — 122

Puente Yunokabashi. Ashikita-cho, Kumamoto, Japón. 1991. Waro Kishi — 126

Pasarela sobre el río Spree. Berlín, Alemania. 1991
Hans Kollhoff y Helga Timmermann — 134

Pasarela de comunicación en el aeropuerto de Schiphol. Amsterdam, Holanda. 1994. Benthem y Crouwel. — 136

Pasarela en el complejo industrial "Camy-Nestlé". Viladecans, Barcelona, España. 1994. Enric Miralles — 144

Vivienda unifamiliar. La Pobla de Mafumet, Tarragona, España. 1990. Lluís Miquel Serra — 150

Estructura y monumento — 155

Puente Erasmus sobre el río Maas. Rotterdam, Holanda. 1995
Ben van Berkel & BOS — 156

Puente de la Barqueta sobre el río Guadalquivir. Sevilla, España. 1992. Juan J. Arenas y Marcos J. Pantaleón — 164

Pasarela sobre la autopista. Toulouse, Francia. 1989
Marc Mimram — 170

Puente levadizo de la batalla de Texel. Dunkerque, Francia. 1994
Pascale Seurin — 176

Puente sobre el río Spree. Berlín, Alemania. 1991
Romuald Loegler y Pekka Salminen — 180

Edificio para juzgados en North Dade. Miami, Florida, Estados Unidos. 1987. Arquitectónica — 184

Bibliografía — 190
Procedencia de las ilustraciones — 191

Construction and discipline — *115*

Railway bridge over the flood plain of the river Guadalquivir. Seville, Spain. 1992
José Antonio Fernández Ordóñez and Julio Martínez Calzón — *116*

Footbridge over the Avenida 24 de Julio. Lisbon, Portugal. 1993
Eduardo Souto de Moura — *122*

Yunokabashi footbridge. Ashikita-cho, Kumamoto, Japan. 1991
Waro Kishi — *126*

Footbridge over the river Spree. Berlin, Germany. 1991
Hans Kollhoff and Helga Timmermann — *134*

Transit footbridge in Schiphol airport. Amsterdam, Holland. 1994
Benthem and Crouwel — *136*

Footbridge in the "Camy-Nestlé" industrial complex. Viladecans, Barcelona, Spain. 1994. Enric Miralles — *144*

Private house. La Pobla de Mafumet, Tarragona, Spain. 1990
Lluís Miquel Serra — *150*

Structure and monument — *155*

Erasmus bridge over the river Maas. Rotterdam, Holland. 1995
Ben van Berkel & BOS — *156*

La Barqueta bridge over the river Guadalquivir. Seville, Spain. 1992
Juan J. Arenas and Marcos J. Pantaleón — *164*

Footbridge over a motorway. Toulouse, France. 1989
Marc Mimram — *170*

Battle of the Texel drawbridge. Dunkerque, France. 1994
Pascale Seurin — *176*

Bridge over the river Spree. Berlin, Germany. 1991
Romuald Loegler and Pekka Salminen — *180*

Courthouse building in North Dade. Miami, Florida, United States. 1987. Arquitectónica — *184*

Bibliography — *190*
Sources of the illustrations — *191*

Cinco comentarios a la historia de los puentes

"Este libro es, en cierto modo, un compromiso. Es un estudio general de la historia arquitectónica, que trata de conciliar el gran canon tradicional de movimientos con una visión más amplia del ambiente arquitectónico. Esto se consigue no haciendo distinciones estrictas entre arquitectura y edificación, entre arquitectura y urbanismo, entre altas y bajas culturas."

Spiro Kostof *Historia de la Arquitectura*

También este libro es, en cierto modo, un compromiso. No se trata, claro está, de un estudio general de la historia de los puentes, ni siquiera de la más reciente, aún cuando el título pueda llevar a engaño. Y no lo es porque sería erróneo, y las muchas historias de los puentes que se han escrito así lo enseñan, pensar que existe una única historia que contar sobre los puentes. Los puentes carecen de una historia en el sentido cronológico del término, porque en ningún momento se han regido por un proceso lineal y paralelo al de las otras historias que uno pueda contar. Su evolución se ha supeditado al desarrollo de los sistemas de movilidad y de las razones por las que éstas se han producido. No puede hablarse de un desarrollo constante y armónico sino de momentos concretos en los que las circunstancias sociales, económicas y políticas han promovido un cierto auge. La necesidad expansiva tanto en los sectores económicos como territoriales generada durante la dominación romana, la revolución industrial o el desarrollismo tecnocrático después de la Segunda Guerra Mundial, junto con el perfeccionamiento de nuevas tecnologías constructivas, aceleró la reflexión sobre el concepto de puente. Así, su relación con el poder, su capacidad urbana o el concepto mismo de belleza quedan determinados por dichas situaciones de manera casi disciplinar.

Este libro pretende, básicamente, recoger y analizar algunos puentes construidos en los últimos años. Sin embargo, la selección, que se ha procurado lo más amplia posible, necesita de una cierta reflexión previa para poder ser entendida. De ahí el compromiso del que hablaba al inicio: para poder comprender los últimos diez años de producción de puentes es necesaria una mirada hacia atrás, no sólo en el tiempo, sino también, y de forma introspectiva, en la idea de puente.

Five commentaries on the history of the bridge

"This book is in a sense a compromise. It is a general study of architectural history that seeks to reconcile the great traditional canon of movements with a wider vision of the architectural scene. This is not achieved by drawing strict distinctions between architecture and building, between architecture and urbanism, between high and low culture."

Spiro Kostof *History of Architecture*

The present book is also, in a sense, a compromise. It is not, of course, a general study of the history of bridges, not even of the more recent, although the title might seem to promise this. And it is not this because it would be a mistake —as many of the histories of the bridge published to date effectively demonstrate— to imagine there is any one history of the bridge to be written. Bridges have no history in the proper chronological sense, because they have never been subject to a linear process parallel to that of the other histories that might be recounted. Their evolution has been consequent on the development of systems of mobility and the reasons that gave rise to those systems. It manifests not a constant and harmonious development but a series of specific moments at which social, economic and political circumstances prompted some advance. The dynamics of expansion, both economic and territorial, that were integral to the centuries of Roman dominance, to the Industrial Revolution or to the technocratic development of the period after the Second World War, combined with the refinement of new construction technologies, intensified reflection on the concept of the bridge. Thus the bridge's relations with power, its urban potential and the very concept of beauty are all conditioned by these situations in an almost disciplinary manner.

This book is primarily concerned to present and analyze a selection of the bridges constructed in recent years. At the same time, in order to understand this selection —which set out to be as wide as possible— some initial reflection is necessary. Hence the compromise I mentioned at the outset: if we are to understand the production of bridges over the last ten years we first need to look, not only back in time, but also —introspectively— into the idea of the bridge.

1. Sobre la palabra puente

En su relato breve "El puente" Franz Kafka transcribe en primera persona el soliloquio de un puente: "Estaba rígido y frío, yo era un puente; me tendía sobre un precipicio. Hacia un extremo las puntas de los pies, en el otro las manos; me mantenía rabiosamente sujeto a la resbaladiza arcilla. De un lado y otro se agitaban los faldones de mi chaqueta. En lo hondo rumoreaba el gélido torrente poblado de truchas". El puente espera al caminante que va a atravesarlo "¿un niño?, ¿un sueño?, ¿un salteador?, ¿un suicida?". Al girar sobre sí mismo para descubrirlo, el puente, el narrador, también el viajero, se precipitan en el abismo.

A la primera identificación entre puente y narrador, se suma, lentamente, a lo largo del cuento hasta la caída final, la identificación entre puente y viajero. El puente no es sino el propio viajero, tendido sobre el valle, esperándose a sí mismo como quien espera su propio destino. No hay puente si no hay caminante. No hay puente si no hay camino.

La identificación entre puente y viajero, y por asimilación, entre puente y vía, llevada hasta el límite en el relato de Kafka, no hace sino explorar la más habitual de las acepciones de puente: aquella que lo relaciona con la vía a la que da continuidad. El puente es parte del camino en tanto que es capaz de permitirle seguir su curso por encima de los obstáculos que puedan presentársele.

El puente entendido desde su función se sumaría así a todo cuanto permite trazar con corrección una vía, es decir, a todo cuanto permite aumentar la calidad del viaje y la comodidad del viajero. Sería, pues, una más de las que, en propiedad, se han dado en llamar obras de fábrica, acepción sin duda más objetiva que la francesa *ouvrages d'art* o la italiana *opere d'arte*. Taludes, terraplenes, drenajes, túneles o la propia construcción de la calzada, trabajos mecánicos estrechamente vinculados a la concepción misma de la vía y que refrendan su carácter de artificio sobre el territorio.

El puente, como obra de fábrica, asume como propia la disciplina constructiva del camino, aquella que hace de la comprensión del

1. Concerning the word 'bridge'

Franz Kafka's short text "The Bridge" takes the form of a monologue delivered by a bridge: "I was stiff and cold, I was a bridge; I stretched out over a precipice. The tips of my toes on one side, my hands on the other; I clung desperately to the slippery clay. On either side flapped the skirts of my coat. In the depths below roared the icy torrent, full of trout." The bridge is waiting for the person who is coming to cross it "a child? a dream? a robber? a suicide?" In turning round to find out, the bridge —the narrator— and the traveller with it are flung down into the abyss.

The initial identification of the bridge with the narrator is gradually informed, as the story moves towards the final fall, by the identification of the bridge with the traveller. The bridge is none other than the traveller himself, suspended over the chasm, waiting for itself as if awaiting its own destiny. There is no bridge if there is nobody to cross it. There is no bridge if there is no road.

The identification of bridge and traveller, and by extension, of bridge and road, pursued to its ultimate conclusion in Kafka's story, in effect explores the most habitual conception of the bridge: that relating it to the public way of which it is the continuation. The bridge is part of the road to the extent that it serves to enable it to continue on its course, spanning the obstacles in its way.

The bridge considered in terms of its function can thus be included amongst the various different elements involved in the efficient laying out of the road; in other words, the factors that serve to increase the quality of the journey and the comfort of the traveller. As such, it must be regarded as belonging to the domain of civil engineering, and the class of construction works known in Spanish as obras de fábrica, *a term that is essentially more objective than the French* ouvrages d'art *or the Italian* opere d'arte. *The construction of embankments, earthworks, fills, drainage, tunnels or the roadway itself; these are all mechanical operations closely associated with the very conception of the public way, serving to extend its significance as technical manipulation of the territory.*

El puente de Julio César sobre el Rin, según A. Palladio, *I Quattro Libri dell'Architettura*.

Julius Caesar's bridge over the Rhine, drawn by A. Palladio, I Quattro Libri dell'Architettura.

lugar, del equilibrio entre esfuerzo y resultado o de la sostenibilidad de cada una de las operaciones, su metodología básica. Así, estaticidad, durabilidad o economía se convierten en valores primordiales para el puente en tanto lo son para el propio camino.

La historia de los puentes se ha escrito muchas veces centrada en el progresivo avance de sus técnicas de construcción, cálculo y diseño. Su fisicidad ha revertido de modo inmediato en su tecnificación. Con ello se han objetivizado los parámetros de discusión sobre su metodología, y su belleza se ha relacionado directamente con el número de apoyos o la cantidad de material utilizado en su construcción, optimizando conceptos como esbeltez o ligereza.

El discurso, así planteado, se muestra incapaz de concretar en una sola mirada la historia de los puentes sin satanizar algunas situaciones. La historia entendida como un proceso de progresión técnica tiende forzosamente a dejar en la sombra buena parte de la producción de puentes.

La acepción hasta ahora utilizada: el puente como parte del camino, encuentra su fundamento etimológico en la palabra viaducto de la raíz latina vía, que genera viaje o viajero. La palabra viaducto, literalmente: "que transporta una vía" define al objeto por su función inmediata, es decir que no explica qué es: su sustancia; sino aquello para lo que sirve: su función.

La palabra puente, sin embargo, plantea una definición más sustancial. Puente, del latín *pons* procedería, según la etimología más generalizada, de la palabra indoeuropea *phanthah*, literalmente: migración, transferencia, salto. *Phanthah* hace referencia a las indicaciones que los sacerdotes, pontífices, en su versión latina, daban a las tribus de hacia dónde debían dirigirse. Ante la certeza de la presencia de lo divino en todas las cosas ("todo está lleno de dioses" escribe Tales de Mileto en el siglo VI a. C.) estas indicaciones revertían en una ritualización del viaje. Mediante ceremonias los pontífices debían conseguir armonizar la relación entre hombres y naturaleza, propiciando un desplazamiento sin incidencias por un territorio hostil. Todo artificio en esa transferencia,

The bridge, as a work of civil engineering, fully assumes the construction discipline of road-building, that which takes the reading of the place, the balancing of input and outcome and the stability of the various operations involved as its methodological basis. Static strength, durability and economy constitute the primordial values of the bridge as they do for the road itself.

The history of the bridge has frequently centred on the progressive development of techniques of calculation, design and construction. Its physical character has been directly determined by its technical qualities; this has served to objectivize the parameters of methodological discussion, and the beauty of the bridge has been directly related to the number of supports or the quantity of material utilized in its construction, prioritizing concepts such as slenderness and lightness.

Posited in these terms, the discourse proves incapable of encapsulating the history of the bridge within a single overview, without resorting to the vilification of certain situations. History understood as a cumulative process of technical progress is necessarily obliged to exclude many of the bridges actually produced.

The definition employed so far, of the bridge as a part of the road, finds its etymological support in the word 'viaduct', from the Latin via, *which is the root of 'voyage' and 'voyager'. The word 'viaduct' —literally 'carrier of the way'— defines the object by its immediate function, describing the use to which it is put, its application, without attempting to explain what it is, its substance.*

For the word 'bridge', however, the etymological definition is more substantial. While the English 'bridge' derives from the Germanic brugjo, *the cognates* pont/ponte/puente *of the Romance languages are descended from the Latin* pons, *which would seem to come from the Indo-European word* phanthah, *with the literal meaning of migration, transfer, leap.* Phanthah *embodies a reference to the ancient role of the tribal priest —in Latin, the* pontifex— *in divining and determining the direction in which the migratory band should move. In the context of a civilization that perceived a divine presence in every object ("the gods are in*

11

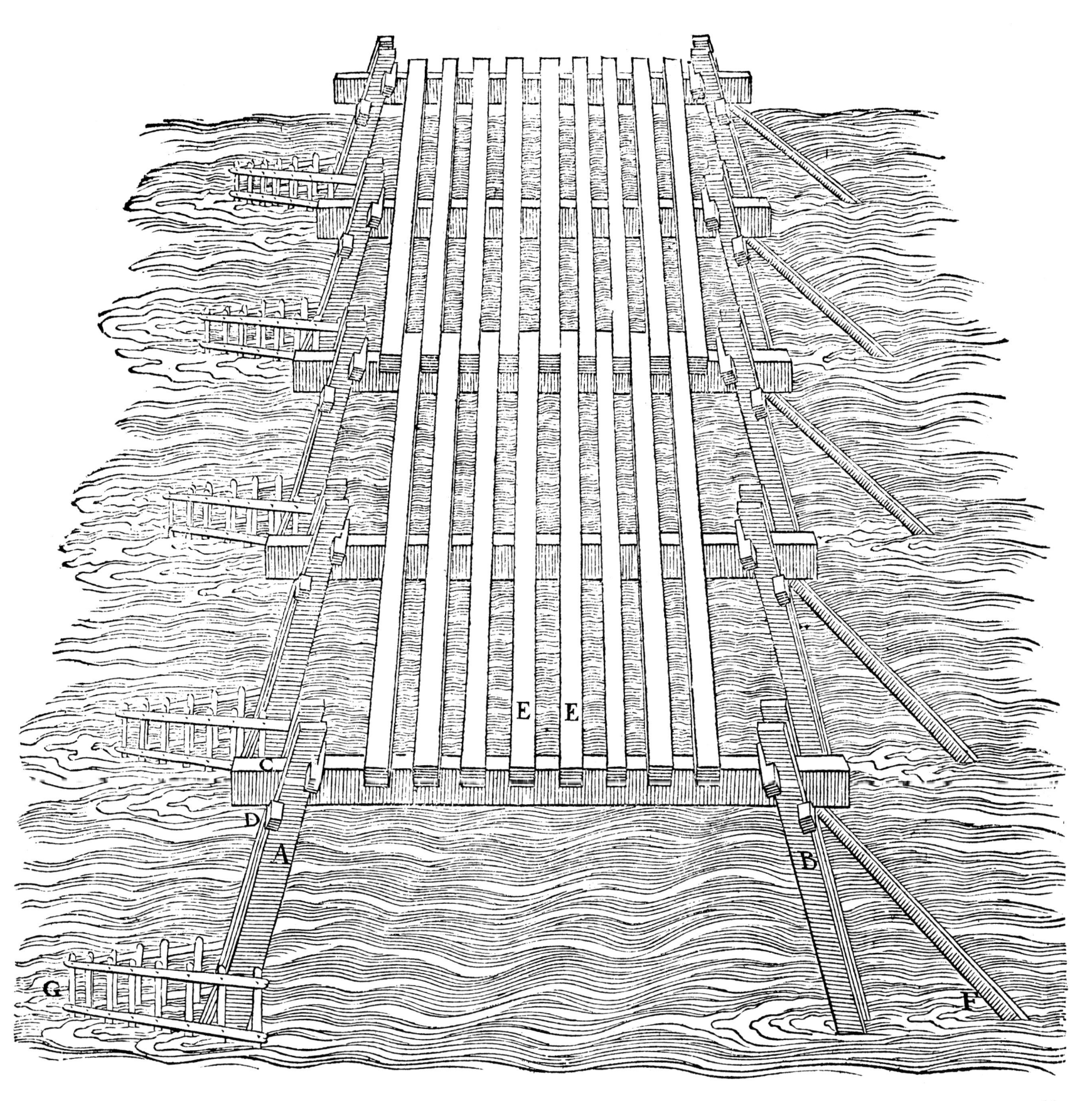

requería un rito conminatorio para apaciguar a los dioses. El hecho mismo de la construcción de un puente, variar el curso de un río para implantar una estructura no natural, era considerado acto impío si antes no se aplacaba la potencia divina de los elementos cósmicos que habitaban el río o, en todo caso, si antes no se desacralizaba el lugar para poder actuar sobre él. Una vez construido, los pontífices sacralizaban el puente restituyendo así la divinidad del lugar. El concepto mismo de inauguración hace referencia a la invocación a los dioses para que tomen posesión del sitio.

Igualmente la palabra griega *ghephyra* está vinculada a la idea de movilización o transferencia, al referirse a una etnia, los *Ghephyrei*, que emigró desde Tanagra en Beocia, hasta Atenas.

En las culturas centroeuropeas, y en especial en la cosmología mítica de los antiguos germanos, la idea de puente se asocia a la unión entre lo terrenal y lo celeste. Por asimilación al arco iris, se le denomina *Asbrú*, es decir "puente de los hombres"; *Así*: quien habita la tierra; *Bru*: enlace, conexión.

Sin embargo, en la cultura islámica el puente ya no es considerado como parte del camino, según su acepción más habitual, o como transferencia o migración de un sitio a otro, según las acepciones protoeuropeas, sino como un lugar en sí mismo. En el Mazdeísmo preislámico se diferencian claramente los conceptos camino y puente. El camino es creado por *Zurvan*, el tiempo, y como él transcurre y avanza sin detenerse. No se inicia ni finaliza sino que fluye eternamente. El puente *Cinvat* es creado por *Mazda*, la luz, y bajo la luz se promueve el discernimiento y la claridad sobre todas las cosas. El puente es el lugar en el que seremos juzgados tras la muerte. Lugar de transición entre la tierra y el cielo, como en la acepción sajona, pero también lugar en el que se nos juzga por nuestros actos. En algunos textos complementarios al Corán se hace mención al "sutil puente del juicio" el cual, tendido sobre el infierno, relaciona la vida terrenal con el paraíso. Sobre este puente, *Al-Sirát*, se desarrollan las diversas fases del juicio que permitirán al creyente cruzarlo con presteza si sus actos son santificados, demorarse sobre él a los justos mientras sus méritos son sopesados o precipitarse directamente al abismo, es decir al infierno, a los pecadores. La idea de juicio como valoración

everything", as Thales of Miletus is reputed to have said in the 6th century B.C.), this divination was bound up with a ritualization of the journey. Rites and ceremonies were performed by the pontifex *in order to harmonize relations between the human and the natural/divine, propitiating a potentially hostile environment to ensure a safe journey. All of the human artifacts involved in this perilous venture required a ritual blessing to appease the gods. The act of building a bridge, of altering the course of a river to erect an unnatural structure, was considered impious unless the immanent divinity of the natural cosmic elements, in this case the river god, was first propitiated and placated, or the site had at least been desacralized prior to acting on it. Once built, the bridge was duly consecrated by the priests, thus reinstating the sacral divinity of the place. The very concept of inauguration originates in the act of invocation beseeching the gods to take possession of the site.*

Similarly, the Greek word ghephyra *has links with the idea of movement and transfer, derving as it does from the name of a people, the* Ghephyrei, *who migrated to Athens from Tanagra in Boeotia.*

In the cultures of Central Europe, and particularly in the cosmology and myth of the early Germanic peoples, the idea of the bridge is associated with the connection between heaven and earth. By assimilation with the rainbow, the concept 'bridge' was expressed by the word Asbru, *"the bridge of men";* Asi, *those who dwell on the earth, and* Bru, *connection.*

In contrast, in Islamic culture the bridge is regarded not as a part of the road, as it is in many others cultures, or as an element of transfer or migration, as it was by the Germanic cultures, but as a place in its own right. In pre-Islamic Mazdaism, there is a clear distinction between the concepts of road and bridge. The road was created by Zurvan, or Time, and like time advances continuously without beginning or end, flowing eternally onward. The bridge, Cinvat, was created by Mazda, or Light, in its aspect of bestowing clarity and discernment. The bridge is the place where we will be judged when we die. If it is thus a place of transition between earth and heaven, as in Germanic and Saxon mythology, it is also where our actions are weighed in the balance. A number of the complementary texts to the Koran contain references to the "subtle bridge of

Sección de una calzada romana según G. Boaga, *Diseño de tráfico y forma urbana.*

Section of a Roman road drawn by G. Boaga, Diseño de tráfico y forma urbana.

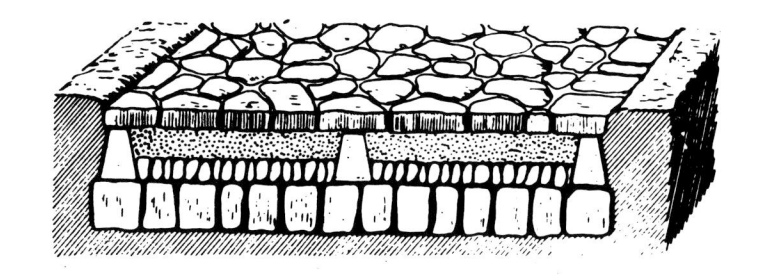

o sopesamiento viene explícitamente mencionada en el mismo Corán que la relaciona con las balanzas sobre las que se depositan méritos y deméritos determinando con su inclinación el destino eterno.

Aparece así el concepto de puente como objeto o como lugar con función propia, función vinculada a valores públicos, independiente tanto de la idea de continuidad, vía, camino, cuanto de la transferencia de un lugar a otro. Se evidencia la contraposición entre el carácter físico de las acepciones más habituales y el carácter moral de las acepciones etimológicas.

Frente al puente como hecho constructivo, ligado a las disciplinas propias de lo tectónico, estaticidad, durabilidad, economía, nos encontramos con el puente como valor ético. Su estrecha relación con lo sacro nos presenta un puente en el que su significado va directamente ligado a los valores culturales de la sociedad que lo construye. Su capacidad narrativa le permite expresar, más allá de su propia construcción, la actitud que quien lo construye adopta hacia lo esencial.

Sin embargo, es difícil aislar a lo largo de la historia de los puentes cada una de estas acepciones. Lo físico y lo sacro han convivido tipológicamente a través del tiempo. La tentación de definir en el sentido no ya de nombrar sino de concretar de manera única, definitoria, el concepto puente, revierte en un empobrecimiento de la idea. Sumar significados en lugar de restarlos, añadirlos en lugar de quitarlos, no es sino enriquecer nuestra mirada sobre lo construido.

2. Sobre la forma del poder

La necesidad de construir puentes está directamente relacionada a lo largo de la historia con el hecho de trasladarse. En este sentido, los primeros puentes de los que se tiene noticia hacen referencia a los empleados en las grandes gestas militares de conquista y colonización. Herodoto, en el siglo VI a.C., hace mención, entre otros, del puente que hizo construir Jerjes para permitir a sus ejércitos atravesar el Helesponto. El sistema utilizado consistió en unir entre sí mediante sogas 360 barcas y disponer sobre ellas, a modo de calzada, un entarimado cubierto de tie-

judgement" that spans the abyss of Hell, connecting earthly life with Paradise. This bridge, Al-Sirát, *is the setting for the successive stages of judgement to which the believer must submit; the righteous, whose actions have been pious, pass over to the other side after their merits have been weighed, while the sinful are cast down into the abyss of Hell. This idea of judgment as appraisal or weighing is explicitly mentioned in the Koran, where it is related to the set of scales on which merits and demerits are piled up to determine the balance of our eternal destiny.*

The concept of the bridge thus appears as an object or a place with its own specific function; a function associated with public values, equally independent of both the idea of continuation, way or road and of that of transfer from one place to another. There is an evident contrast between the physical character of the most widespread acceptations of 'bridge' and the moral status of its etymological derivation.

Distinct from the bridge as a fact of construction, the domain of the various disciplines linked to structures, statics, durability and economy, we find the bridge as a repository of ethical values. Its close association with the sacred presents us wih a bridge whose significance is a direct manifestation of the cultural values of the society that constructed it. It thus possesses a narrative capacity that enables it to express, above and beyond the mere fact of its construction, the essential attitudes of its constructors.

It is nevertheless difficult to isolate each of these different meanings in the history of the bridge. The physical and the sacral have coexisted typologically throughout the course of time. Any attempt to impose a definition, not merely in the sense of enumerating but of fixing in some single exclusive and inalterable fashion the concept of the bridge, must inevitably result in an impoverishment of the idea. To add meanings rather than subtract them, to adjoin rather than to take away, is above all to enrich our vision of the built.

2. Concerning the form of power

Throughout history, the need to construct bridges has been directly related to the fact of human movement. This being the case, the

rra rematado lateralmente con parapetos de madera para evitar que los animales cayeran al agua. Este puente, como el que hizo construir Darío sobre el Bósforo o Alejandro sobre el Eúfrates, obedecía a unas características tipológicas comunes. Usaban para su construcción material fácil de obtener, ya fuera porque se encontraba en el mismo lugar donde se construía, generalmente madera, o bien porque formaba parte de la impedimenta de la tropa. En este caso las más habituales eran las barcas o las pieles de animales usadas como tiendas de campaña que, rellenas con heno o paja y cosidas, flotaban sobre el agua. Se trataba pues de puentes vinculados a desplazamientos rápidos, de conquista y apropiación de territorios, y de los que se valoraba básicamente su funcionalidad en cuanto a rapidez en el montaje y desmontaje, la facilidad de traslado y la posibilidad de reutilización.

En la sociedad griega, el concepto de colonización va ligado al desarrollo de la flota marítima y por tanto al conocimiento de la navegación como técnica y ciencia. Las ciudades helenísticas se situaban en la costa y se vinculaban entre sí y con la polis griega de la que dependían, mediante la comunicación marítima. En esta situación el puente queda como instrumento vinculado a las exigencias cotidianas locales de comunicación de la ciudad con su entorno y, por tanto, de necesitarse, se construyen como parte de la propia arquitectura de la ciudad. Así, por ejemplo, el puente de Velia en Salerno llamado la Puerta Roja, construido como un muro de piedra aligerado en su centro por un arco de escasa luz.

En cambio, el expansionismo de Roma, a diferencia del helenístico, basa su desarrollo en las comunicaciones terrestres. En *Comentarios a la guerra de las Galias* se describe con profusión la construcción de un puente de madera sobre el Rin. Hacia el año 55 a.C. y con el objeto de castigar a las huestes germanas que periódicamente atacaban territorios del Imperio Romano atravesando con barcas el Rin, Julio César manda construir un puente para pasar con sus tropas. En el inicio de la descripción se dice: "César por los motivos antedichos, había decidido atravesar el Rin, pero pensaba que la travesía con barcas no era lo suficientemente segura y además no le parecía suficientemente digna ni para él ni para la reputación del pueblo romano. Así, aún sabiendo que se

earliest references are to the bridges utilized in the great military enterprises of conquest and colonization. Herodotus, amongst others, records how in the VI th century B.C., Xerxes I had bridges built to enable his armies to cross the Hellespont. The system employed consisted of roping together 360 boats, and laying out on top of them a platform of boards covered with beaten earth, fenced in with wooden parapets to prevent the animals from falling into the water. This bridge, like the one that Darius had constructed on the Bosphorus, or Alexander's bridge over the Euphrates, corresponded to a set of shared typological characteristics. All of them used in their construction easily obtainable materials, for the most part wood in one form or another, that were ready to hand on site or carried by the armies as part of their equipment, as in the case of boats or animal skins used to make tents, which were stuffed with hay or straw and floated on the water. These bridges were therefore essentially instruments of rapid movement and the conquest of territory, of value in direct relation to speed with which they could be assembled and dismantled, their potential for future use and the ease with which they could be transported.

Throughout the history of Greek society the concept of colonization was bound up with the development of the merchant fleet, and thus with the scientific knowledge and technical skills involved in navigation. Hellenic and Hellenistic colonies were situated on or near the coast, and communicated with one another and the polis *of which they were subjects by sea. Under such circumstances, the bridge was an instrument conditioned by the everyday local needs of the city for communication with the surrounding territory, and was thus constructed where required as part of the architecture of the city itself. This is the case, for example, of the Velia bridge in Salerno known as the Porta Rossa, the Red Gate, in the form of a great stone wall penetrated in its centre by a small archway.*

Roman expansion, on the other hand, unlike the earlier Greek colonial network, was developed primarily on the basis of land communications. The Commentaries on the Gallic Wars *describe in great detail the construction of a wooden bridge over the Rhine in 55 B.C. Having resolved to suppress the Germanic tribes that periodically crossed the river in boats to harrass areas under Roman control, Julius Caesar ordered that a bridge be built to carry his troops into enemy territory. "Caesar, for these reasons,*

Sistema constructivo del puente de Julio César sobre el Rin, según A. Palladio, *I Quattro Libri dell'Architettura*.

The construction system used in Julius Caesar's bridge over the Rhine, drawn by A. Palladio, I Quattro Libri dell'Architettura.

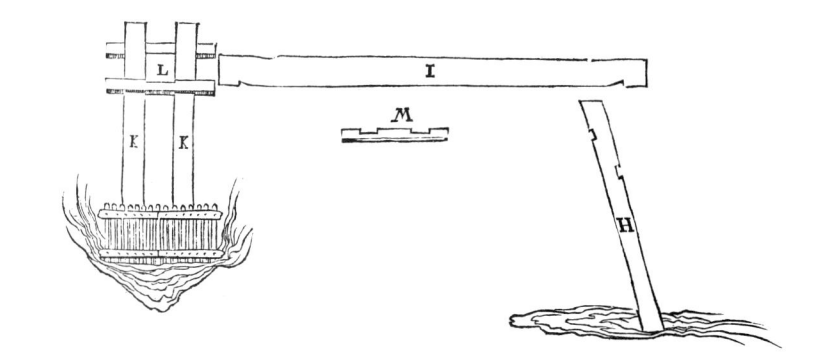

le presentaba la dificultad casi insuperable de construir un puente, dada la longitud, rapidez y profundidad del río, pensaba que debía construirlo a cualquier precio o sino renunciar a la travesía". El puente se construyó y las tropas atravesaron el Rin, castigando a los bárbaros por sus incursiones hasta obligarles a firmar un tratado de no agresión, tras lo cual, los romanos regresaron a las Galias. El puente fue destruido y de él solo queda la descripción precisa que se hace en el texto de César y que ha dado pie a diferentes interpretaciones sobre su forma exacta. La anécdota, sin embargo, redunda en el uso que de las infraestructuras se hacía en el Imperio Romano.

El Imperio se construye a través de una amplia red viaria que permite el intercambio de materias primas entre la urbe y el territorio. Al desarrollo territorial del Imperio se suma el inmenso desarrollo urbanístico de Roma. Sólo en el área del Lacio se construyeron no menos de 58 km de puentes y acueductos que organizaban los accesos y abastecían de agua a la ciudad. Su carácter, sin embargo, no trascendía de un mero utilitarismo. El arco como aligeramiento del muro era usado como sistema sin fin para resolver los pasos por encima de la llanura. Los acueductos no eran diseñados a través de un sistema compositivo global sino a través de la adición de un módulo tipo. A su vez, el módulo, un arco entre dos pilastras, no variaba su proporción a pesar de la diferencia de altura que sufría el muro al situarse sobre un terreno variable.

Por el contrario, cuando estos tipos se establecen en zonas aún en proceso de romanización acentúan su carácter monumental por encima del instrumental. En el caso de los puentes y acueductos su monumentalización se hace evidente comparando los construidos alrededor de la ciudad de Roma con los del resto del Imperio.

Las construcciones que acompañaban al trazado viario, no podían ser tan sólo una estructura funcional. De hecho, los puentes y acueductos romanos más interesantes en cuanto a dimensión y empeño técnico se encuentran fuera de Italia. Los acueductos de Gard, Tarragona o Segovia y los puentes de Mérida o Alcántara, podrían por sí solos servir para documentar la mejor de las historias sobre puentes romanos. Todos ellos, erigidos en tierras de conquista, añaden a su carácter utilita-

had decided to cross the Rhine, but considered that the crossing by boat was neither sufficiently safe nor befitting his own dignity or that of the Roman people. Thus, although aware of the all but insuperable difficulty of constructing a bridge in view of the breadth, rapidity and depth of the river, he determined that it would have to be built at whatever cost or the crossing abandoned." The bridge was built, and Caesar's legions crossed the Rhine, punishing the barbarians for their incursions and obliging them to sign a non-aggression treaty before crossing back to resume the conquest of Gaul. The bridge was destroyed, and all that remains of it is the precise description in Caesar's text; not so precise, however, as to prevent differences of opinion as to its exact form. The anecdote serves to reveal, if nothing else, the use to which infrastructures were put by Imperial Rome.

The Roman Empire was built on a vast road network that permitted the trade in raw materials and goods between urbs *and territory. The territorial expansion of the Empire finds its counterpart in the tremendous urban development of Rome. In Latium alone there were no less than 58 km of bridges and aqueducts providing access to the capital and supplying it with water. These were, however, overwhelmingly utilitarian in character. The arch as a lightening of the wall was universally employed as the system for spanning stretches of level ground. Aqueducts were designed not on the basis of any total compositional system but by the addition of standard modular units. In its turn, this basic module —an arch spanning two pillars— did not vary its proportions in spite of the differences in the height of the supporting wall as it negotiated its way across uneven ground.*

In direct contrast, when these typologies were introduced in zones still undergoing the process of Romanization, their monumental character was accentuated above their instrumental function. In the case of bridges and aqueducts, this monumentalization is clearly revealed by a comparison of those constructed in the area of Rome itself and those built in other parts of the Empire.

The various built elements that accompanied the Roman road were inevitably more than purely functional structures. Indeed the most interesting Roman bridges and aqueducts, in terms of their scale and tech-

rio valores compositivos que los asimilan a edificios. Centralidad, simetría, organización en órdenes, composición global e incluso perfilada estereotomía de la piedra, son características tipológicas que los acercan a los monumentos y edificios de la urbe: circos, anfiteatros, basílicas o arcos de triunfo. Adquieren así carácter de *monumentum* pues quieren significar la presencia del poder de Roma sobre el territorio conquistado, sumando a su valor como instrumento práctico en la colonización, carácter de símbolo.

En su *Historia de la arquitectura* Spiro Kostof describe con precisión esta duplicidad de significados: "La arquitectura era una misión colonizadora y un medio seguro de establecer visualmente la cultura romana. En tierras ya consolidadas con tradiciones culturales propias, era de vital importancia estampar el sello romano sobre el paisaje urbano por medio de tipos constructivos reconocibles". De esta manera se establecen y consolidan técnicas de construcción y de composición capaces de generar tipologías reconocibles a lo largo de todo el Imperio: el foro, el templo, la basílica, la villa; pero también, el puente y el acueducto.

3. Sobre algunos materiales

A finales del siglo XVIII, en 1779, se construye en Inglaterra sobre el río Severn en Coalbrookdale el primer puente proyectado enteramente en hierro. Ciento cincuenta años más tarde, Walter Benjamin escribiría hablando de ese momento: "Con el hierro apareció por vez primera en la historia de la arquitectura un material artificial de construcción. Pasó a través de una evolución cuyo ritmo se aceleró en el transcurso del siglo, y recibió un impulso decisivo cuando resultó que la locomotora con la que se habían estado haciendo experimentos desde finales de la década de 1820 solo podía ser utilizada sobre raíles de hierro. El raíl fue la primera unidad de construcción, el precursor de la viga. El hierro era evitado en las casas de viviendas y sólo se utilizaba para arcadas, salas de exposición, estaciones de ferrocarril u otros edificios con finalidades transitorias".

El puente de Coalbrookdale fue diseñado por el arquitecto Thomas Pritchard, utilizando por primera vez a gran escala las técnicas

nical accomplishment, are found outside Italy. The aqueducts of Gard, Tarragona or Segovia and the bridges of Mérida or Alcántara would suffice on their own to document the great historical achievements of Roman bridge-building. All of these, constructed in conquered territory, combine with their utilitarian character a series of compositional values more usually associated with buildings. The centrality, symmetry, organizational orders, overall design and the working of the stone they present are all key typological characteristics of the monuments and great buildings of the urbs: *circuses, amphitheatres, basilicas and triumphal arches. These bridges thus take on the status of monuments, in that they seek to signify the presence of Roman power in the conquered territory, adding to their practical instrumental role in the colonial process the character of symbol.*

In his History of Architecture *Spiro Kostof describes this dual level of signification with analytical precision: "Architecture had a colonizing mission as a sure means of visually establishing Roman culture. In settled territories with their own indigenous cultural traditions, it was vitally important to impress the Roman stamp on the urban landscape in the form of recognizable construction types". This was the context in which Imperial power developed and consolidated techniques of composition and construction capable of generating an established repertoire of typologies throughout the Empire: not only the forum, the temple, the basilica and the villa, but also the bridge and the aqueduct.*

3. Concerning various materials

Towards the end of the 18th century, in 1779, at Coalbrookdale in England, the first bridge constructed of iron was built over the River Severn. One hundred and fifty years later, Walter Benjamin was to reflect on this moment: "With iron, an artificial construction material appeared for the first time in the history of architecture. It went through a development whose rhythm accelerated over the course of the century. It received a decisive impulse when it turned out that the locomotive with which experiments had been made since the end of the twenties could only be utilized on iron rails. The rail was the first iron unit of construction, the forerunner of the girder. Iron was avoided for apartment houses, and used in the

Estructura en madera del puente sobre el Limmat en Wettingen de J.U. Grubemann, 1777, según J.B. Rondelet, *Traite*.

Wooden structure of the bridge over the Limmat in Wettingen by J. U. Grubemann, 1777, drawn by J. B. Rondelet, Traite.

para la fundición y moldeado del hierro desarrolladas por John Wilkinson. El puente, de escasa luz, apenas 30 m, estaba formado por dos sistemas de cinco semiarcos unidos por el centro y arriostrados entre sí de forma regular. Fue fundido en la fábrica de Abraham Darby, en el mismo Coalbrookdale, e instalado mecánicamente sobre estribos de obra de fábrica previamente construidos en ambos márgenes del río.

El puente sobre el Severn abre las puertas a la utilización de la fundición en la construcción de puentes, en general, a la posibilidad de la prefabricación de grandes estructuras en taller.

En 1786 Tom Paine diseña un puente de fundición sobre el río Schuylkill en Filadelfia y encarga la construcción de sus piezas a la compañía inglesa Rotherham Ironworks y en 1796 Thomas Telford construye un segundo puente sobre el Severn de una longitud de casi 40 m pero con un peso de 173 toneladas en lugar de las 378 del primero.

Al mismo tiempo, se siguen investigando y depurando los sistemas tradicionales de construcción en madera y piedra tallada. La utilización de la viga de madera en celosía, ya propuesta por Palladio en el siglo XVI, permitió la construcción en 1777 de un gran puente sobre el río Limmat en Wettingen de 119 metros de luz y de otro de 104 metros también sobre el río Schuylkill.

Entretanto, la *École de Ponts et Chaussées* en Francia, dirigida desde su fundación en 1747 por Jean R. Perronet se esfuerza en modernizar las técnicas de construcción de los puentes de fábrica. Por un lado da forma científica a la estereotomía de la piedra mediante aplicación de los principios de la geometría descriptiva y, por otro, procura resolver aquellos problemas de diseño que dificultan y ralentizan la construcción de los puentes de fábrica. Los esfuerzos se dirigen particularmente al aligeramiento de las estructuras para tratar de conseguir mayores luces y así reducir el número de apoyos pero sin aumentar los cantos, procurando mantener la imposta siempre más alta que el nivel de la máxima crecida del río. La lucha por la ligereza desarrolla extraordinariamente el aparejo de las cimbras, verdaderas obras de ingeniería en madera.

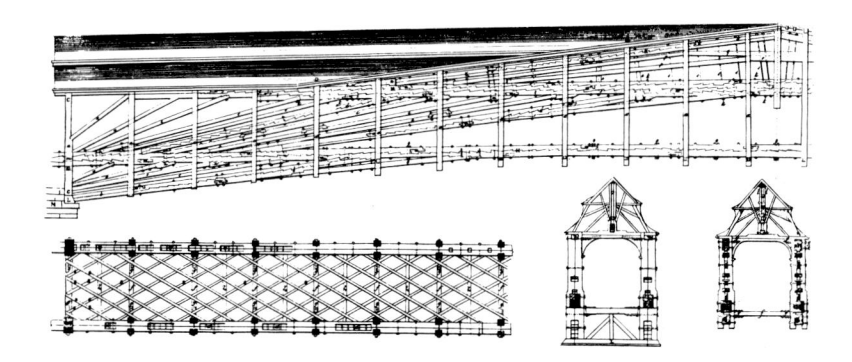

construction of arcades, exhibition halls, railway stations — buildings which served transitory purposes".

The iron bridge at Coalbrookdale was designed by the architect Thomas Pritchard, who utilized for the first time on the large scale the techniques for the casting and moulding of iron developed by John Wilkinson. The bridge, with its relatively modest span of barely 30 m, was composed of two sets of five semicircular arches united in the centre and braced together in the conventional manner. The iron was cast in the workshops of Abraham Darby, in Coalbrookdale itself, and assembled mechanically on the brickwork piers previously constructed on either side of the river.

The bridge over the Severn opened the way for the use of cast iron in bridge construction and more generally in the industrial fabrication of large structures in the workshop.

In 1786, Tom Paine designed a cast iron bridge for the Schuylkill River in Philadelphia, commissioning the components from the Rotherham Ironworks in England, and in 1796 Thomas Telford built a second bridge over the Severn; the new structure was longer than its predecessor, at 40 m, and lighter, weighing only 173 tons as compared to 378 tons.

Meanwhile, the traditional construction systems utilizing timber and stone were the subject of study and refinement. The use of the wooden lattice girder, already proposed by Palladio in the 16th century, made possible the construction in 1777 of a great bridge over the Limmat at Wettingen, with a span of 119 m, and a new bridge of 104 m over the Schuylkill.

At the same time, the École de Ponts et Chaussées *in France, directed since its founding in 1747 by Jean R. Perronet, was striving to modernize the techniques involved in the construction of stone bridges. On the one hand, the School gave a scientific form to the working and shaping of stone by applying the principles of descriptive geometry, and on the other it managed to resolve those design problems traditionally associated with the use of stone and brickwork in bridge construction.*

Con la depuración de estas técnicas, heredadas en su mayor parte de los constructores del Imperio Romano, se intenta dar respuesta al gigantesco cambio de escala que supone el creciente auge en la construcción de nuevas redes viarias y desde 1825 de los trazados de líneas ferroviarias. El proceso industrial, vinculado de manera explícita a la posibilidad de comunicación e intercambio, propicia la construcción de infraestructuras que agilicen el desarrollo económico.

Sin embargo, el salto cualitativo apuntado en la construcción del puente de Coalbrookdale, no se verá culminado hasta la comercialización del hierro laminado. En efecto, la fundición resulta en extremo frágil y si bien resistía correctamente sometida a compresión, era incapaz de absorber las tracciones a que dan lugar las grandes luces. Por otro lado, la dependencia de los moldes impedía trabajar con piezas de gran dimensión. Desde mediados del siglo XIX la fundición va siendo progresivamente sustituida por el hierro y por el acero que resisten mejor a tracción y que, al producirse por laminación, en un proceso prácticamente continuo, permiten aumentar considerablemente la dimensión longitudinal de las piezas.

Sin embargo, el abandono de la construcción mediante moldes impide a los diseñadores predeterminar la morfología de las piezas. La laminación limita las formas a un reducido catálogo tipológico. La prefabricación, que a partir de 1860 entra en un proceso generalizado, genera un tipo determinado de estructura exenta de ornamentos.

El éxito indudable de la fabricación de puentes de hierro laminado, dada la facilidad de montaje y bajo coste económico, no viene refrendado por una inmediata aceptación social. El ingeniero Leonce Reynand escribe en 1850 en un tratado de arquitectura: "El arte no tiene el rápido progreso y las súbitas evoluciones de la industria, con el resultado de que la mayoría de edificios hoy al servicio de los ferrocarriles, dejan más o menos que desear en relación tanto con la forma como con la disposición. Algunas estaciones parecen tener la apropiada distribución, pero con las características de una construcción industrial o temporal más bien que las de un edificio destinado al público".

Particular attention was devoted to lightening the structure in order to achieve larger spans and reduce the number of piers without increasing the depth or thickness of the slab, seeking to maintain the upper course at all times above the maximum level of the river. This pursuit of lightness led to an extraordinary development in the bonding of the arch centre, which became an authentic work of engineering in wood.

In effect, the refinement of these techniques, inherited for the most part from the bridge-builders of the Roman Empire, sought to respond to the tremendous change of scale represented by the boom in the construction of new road networks and, from 1825 on, railway lines. The processes of industrial activity, explicitly linked to the possibilities of communication and exchange, stimulated the construction of infrastructures capable of facilitating economic growth.

Nevertheless, the qualitative leap constituted by the Coalbrookdale bridge was not consummated until sheet steel became commercially available. In effect, cast iron proved to be extremely fragile, and although able to withstand compressive force, it was incapable of resisting the tensile stresses generated by large spans. At the same time, the limitations imposed by the dependence on moulds made it impossible to produce castings above a certain size. From the middle of the 19th century, cast iron as a construction material progressively gave way to the use of sheet steel and iron with greater tensile strength; the drawing of the steel in a virtually continuous process made it possible to produce single metal pieces of much greater length.

At the same time, however, the abandoning of the casting process meant that the morphology of the component pieces was no longer simply a matter of designing the desired mould. The continuous drawing process limited the form of the metal to a few standard typologies. When industrial prefabrication became widespread, from 1860 on, one of the immediate results was the proliferation of a type of structure devoid of ornamentation.

The indisputable benefits of sheet metal for bridge construction, thanks to its ease of handling and low cost, did not win it immediate social

Puente metálico sobre el río Spree, Berlín.

Steel bridge over Spree River, Berlin.

En efecto, mientras los talleres Eiffel comercializan sus patentes de puentes metálicos prefabricados por todo el mundo, y su compañía construye más de 100 puentes en Extremo Oriente tan sólo entre 1880 y 1884, colaborando así a la rápida expansión colonial, las viejas ciudades europeas recelan de las nuevas tecnologías. Para ser más exactos, desconfían de la voluntad urbana de aquellas estructuras seriadas, "temporales", capaces para ser instaladas en cualquier lugar, independientemente de la forma y calidad de éste.

La construcción del puente Alexandre III en París ejemplifica esta desconfianza. Formando parte de una operación urbanística de gran prestigio que pretendía dar continuidad a los Campos Elíseos hasta los Inválidos atravesando el Sena, quedaba inserto en el conjunto monumental de la Gran Exposición Universal de 1899. En el pensamiento de quienes elaboraron el programa de la Exposición el puente debía de tener básicamente un carácter "decorativo monumental".

El ingeniero Jean L. Résal proyecta sobre el Sena un elegante puente metálico de un solo arco de 107,5 m de luz. Su estructura está formada por perfiles en I de hierro fundido. Résal, que cinco años antes había construido un puente análogo pero de sólo 80 m de luz para Nantes, dejando la estructura aparente, reviste en París los flancos del puente con sendas impostas de fundición que, junto con la balaustrada simulan una imposible construcción en piedra. Los estribos, por su parte, se construyen en obra de fábrica y sillería resolviendo con su diseño la adecuación del puente al lugar y permitiendo la continuidad de los muelles inferiores del Sena y conectándolos a los superiores mediante unas escaleras laterales. Los obeliscos emplazados sobre los estribos, dan escala al conjunto y lo relacionan monumentalmente con la ciudad. La urbanidad de la que el puente Alexandre III hace gala en su implantación, la atención a los valores de escala y significado, se contraponen a la zafiedad con que es decorada la elegante estructura que lo conforma.

Entre 1894 y 1898, contemporáneamente a la construcción del puente Alexandre III en París, Otto Wagner construye en Viena el puente-presa de Nüssdorf, sobre un canal del Danubio en las afueras de la ciudad. Este trabajo se inserta en las labores de la regularización del caudal

acceptance. The engineer Leonce Reynaud, in a treatise on architecture published in 1850, observed that "Art does not possess the rapid progress and the sudden advances of industry, with the result that the majority of the buildings today in the service of the railways leave something to be desired in relation to both form and disposition. Certain stations appear to have the appropriate distribution, but the characteristics of an industrial or temporary construction rather than those of a public building".

Indeed, while the Eiffel workshops were marketing their patent prefabricated metal bridges around the world, and the company constructed more than a hundred bridges in the Far East in the years 1880-1884 alone, thus playing a strategic role in rapid colonial expansion, the old cities of Europe proved suspicious of the new technologies. More precisely, there was widespread mistrust of the urban impact of such serial and apparently "temporary" structures, capable of being assembled on any kind of site, irrespective of its form and character.

The construction of the Alexandre III bridge in Paris affords a good illustration of this mistrust. As part of the highly prestigious urban design operation extending from the Champs Elysées to the Invalides on the other side of the Seine, the bridge had to take its place in the monumental complex being laid out for the Great International Exhibition of 1899. The people responsible for laying out the Exhibition considered that the bridge should manifest an essentially "monumental and decorative" character.

The engineer Jean L. Résal designed an elegant metal bridge across the Seine with a single arch with a span of 107.5 m, its structure composed of cast iron H-beams. Five years earlier Résal had constructed a similar bridge with a span of 80 m in Nantes, its structure entirely exposed; in Paris, he covered the sides of the new bridge with cast-iron imposts, and these, together with the balustrade, simulate an impossible stone construction. The piers, meanwhile, were built of brickwork and masonry, their design setting out to resolve the bridge's relationship with its site, giving continuity to the lower quays along the river and connecting these with the upper level by way of lateral steps. The obelisks set on top of the piers give the composition its sense of scale and relate it monu-

Estructura en hierro, según J.B. Rondelet, *Traite*.

Iron structure drawn by J. B. Rondelet, Traite.

hidráulico del río con el fin de consolidar una nueva área de expansión urbana. Esta operación, junto con el nuevo sistema de ferrocarril urbano cuya red de estaciones también proyectaría Wagner entre 1895 y 1900, buscaba reorganizar la periferia de la ciudad a través de un sistema de infraestructuras que la dotasen de una escala acorde con la nueva dimensión de la conurbación. La expansión se plantea con el objetivo de que la periferia reproduzca los valores monumentales del centro y por tanto que se reconozca como formando parte de una misma ciudad. Las infraestructuras proyectadas por Wagner recogen ese significado social, manteniendo un ajustado diálogo entre periferia y centro, y conjugando el salto de escala que el lugar, aun despoblado, le propone. Su habilidad, sin embargo, le permite compaginar los distintos valores que debe manejar sin que estos pierdan las características que les son propias. En el puente–presa de Nüssdorf, Wagner diseña cada elemento con total independencia. Una viga cajón metálica de 42 m de luz y 6 m de canto resuelve el tendido entre los dos márgenes. Su diseño transversalmente asimétrico le permite, por un lado, organizar el paso del público y, por otro, servir de soporte y manipulación de la compuerta de la presa. Por lo

mentally to the city. The urbanity manifested by the Alexandre III bridge in its location and its attention to values of scale and signification are in marked contrast to the clumsiness of the decorative treatment of the elegant structure.

Between 1894 and 1898, contemporary with the construction of the Alexandre III bridge in Paris, in Vienna Otto Wagner was building the Nüssdorf dam-bridge over a canal of the Danube in a suburb of the city. The whole operation was part of a larger project for regulating the flow of the river to provide an area of land for urban expansion. This project, together with the new urban rail system, a number of stations for which were designed by Wagner between 1895 and 1900, set out to restructure the outskirts of the city by means of a series of new infrastructures that would give it a scale in keeping with the physical extension of the conurbation. This expansion was approached with the idea that the peripheral areas should recreate the monumental values of the centre, thus declaring themselves part of the same great city. The infrastructures designed by Wagner embody this social meaning, maintaining a close dialogue between suburb

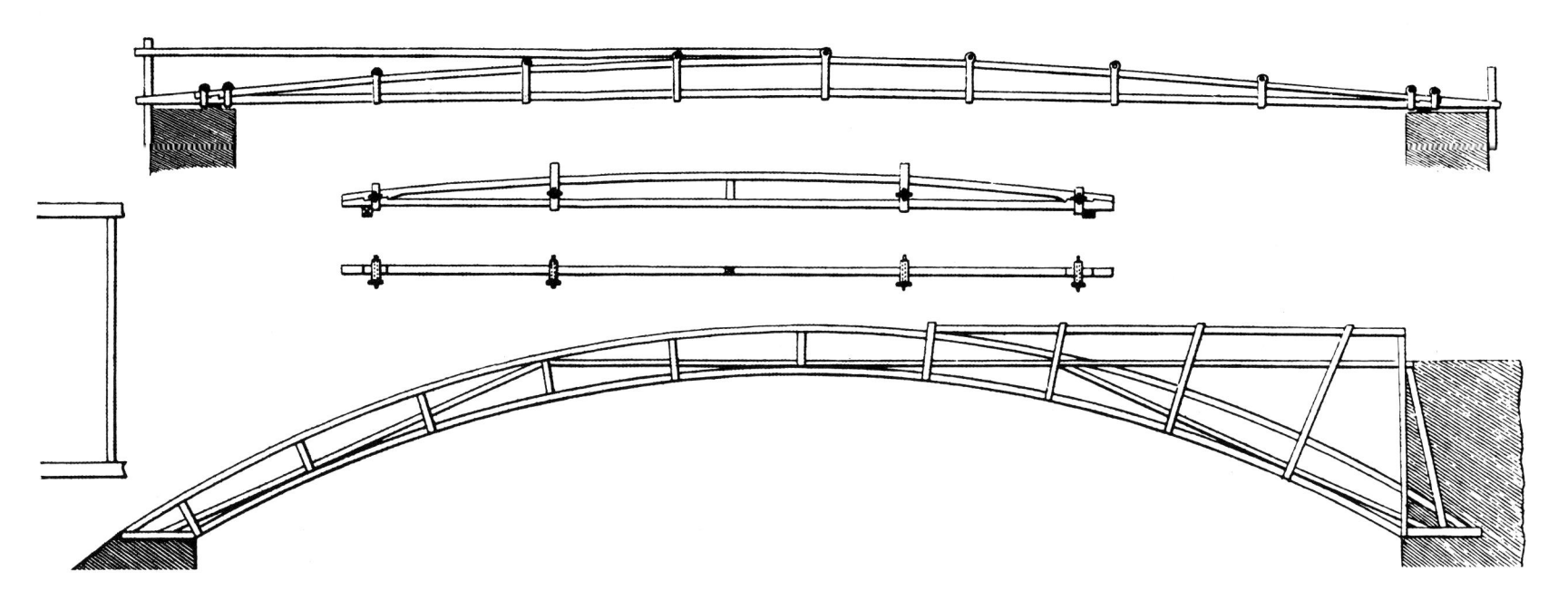

demás la viga se diseña estrictamente desde su función estructural, atendiendo exclusivamente a los esfuerzos que debe soportar y, por tanto, sin ornamento añadido. Los estribos, en obra de fábrica y sillería de piedra, subrayan la asimetría de la estructura y referencian al puente respecto al lugar en el que se sitúa. Proporcionan al puente un "delante" y un "detrás". Hacia delante, aguas arriba, el estribo sujeta una linterna a modo de faro que ilumina tanto a quien cruza el canal como a quien navega por él. Hacia atrás, aguas abajo, un león encaramado sobre un obelisco se erige en protección tanto del puente como de la ciudad que queda a sus espaldas frente a las posibles crecidas del río. El puente recupera un papel simbólico de puerta, de bastión defensivo en la conquista de la nueva periferia.

Al mismo tiempo, ambos estribos resuelven la relación urbana con los márgenes; uno de ellos se prolonga en un espacio público que se cierra lateralmente con el edificio de control de la presa. La implantación consigue crear un espacio urbano simplemente desde la posición inteligente de cada una de sus piezas. Configura una parte de la ciudad desde la interpretación de sus propios elementos y al mismo tiempo le otorga un significado propio con relación a la ciudad a la que se vincula. Los materiales actúan independientemente según sus requerimientos y su comprensión es puesta al servicio de un significado complejo, urbano y territorial, vinculando a la sociedad que lo construye.

4. Sobre la belleza de la estructura

En 1982 Fritz Leonhardt publica el libro *Puentes. Estética y Diseño*. En su prólogo escribe: "En el año 1936 escribí junto con Karl Schaechterle el libro *El diseño de puentes* con el fin de que sirviera de ayuda en el proyecto de los muchos puentes de autopista alemanas, cuya construcción comenzaba por aquel entonces. En los 46 años transcurridos desde esa fecha, la construcción de puentes ha sufrido un importante desarrollo".

En los años que median entre el final de la Segunda Guerra Mundial en 1945 y la generalización de la crisis energética en 1973, se

and centre and articulating the major change of scale proposed by the as yet unoccupied site. Wagner's design skills are evident here in the way he handles the various different values in play, combining them without sacrificing their individual characteristics. For the Nüssdorf dam-bridge, Wagner designed each of the elements entirely independently. A metal box girder 42 m long and 6 m wide extends between the two banks. The asymmetry of the transverse section serves to carry the flow of traffic on one side while on the other it accommodates the dam and sluice gate. At the same time, the design of the girder is approached strictly in terms of its structural function, concentrating exclusively on the forces it was required to endure, disdaining all ornament. The piers of brickwork and masonry underline the asymmetry of the structure and establish the bridge's references to the place in which it is situated. They effectively give the bridge a "front" and a "back". On the front or upstream side the pier supports a lighthouse-like street lamp that illuminates the way for people crossing the river and sailing on it. On the rear or downstream side a lion perched on an obelisk guards both the bridge and the city at its back, protecting it against the danger of flooding. The bridge recovers a symbolic role as gateway, as defensive bastion in the conquest of the new periphery.

At the same time, the two piers resolve the urban relationship with the river bank, with one of them extending to form a public space closed off on one side by the control building of the dam. The layout effectively creates an urban space on the basis of an intelligent siting of each of the constituent elements, configuring a part of the city by way of the interpretation of its component parts and endowing this with its own distinctive character in relation to the city it serves to connect. The materials act independently of one another according to their functional roles, and their reading is endowed with a complex urban and territorial significance that ties it to the society that built it.

4. Concerning the beauty of the structure

In 1982, Fritz Leonhardt published the book Puentes. Estética y Diseño. *In the foreword he writes: "In the year 1936, I wrote the book* The design of bridges *together with Karl Schaechterle, with the aim of*

planifica y construye la práctica totalidad de la red viaria actual en los países más desarrollados de la órbita occidental.

Si para el auge industrial y expansivo del siglo XIX el ferrocarril fue el medio de transporte idóneo, el desarrollismo tecnocrático tras la Segunda Guerra Mundial se apoya en la decidida popularización del automóvil. Aparecido entre 1890 y 1900, el vehículo automóvil accionado por un motor de combustión interna modificará sustancialmente el carácter histórico del transporte individualizado.

En el intervalo entre las dos guerras mundiales, se generaliza su uso en América y Europa. La progresiva tecnificación industrial y la adopción general de cadenas de montaje permiten, mediante la reducción de

contributing to the design of the numerous bridges for Germany's motorways, construction of which was then commencing. In the 46 years that have elapsed since that time, bridge construction has undergone major development".

In effect, the years from the end of the Second World War and the energy crisis of 1973 saw the planning and construction of virtually all of the existing road network in the most developed western nations.

If the railway was the paradigm means of transport for the industrial and economic expansion of the 19th century, technocratic development since the end of World War II has been underpinned by the massive proliferation of the motor car. Since its appearance in the last years of the

Cruce de autopistas a cuatro niveles cerca de Los Ángeles. Citado por F. Leonhardt en su libro *Puentes como ejemplo de la sencilla norma del buen orden.*

Four-level motorway intersection near Los Angeles. Cited by F. Leonhardt in his book Bridges as example of the simple rule of good order.

costes de producción, la popularización de modelos utilitarios como el Ford T en Estados Unidos o el Volkswagen en Alemania. En veinte años escasos el uso del automóvil revoluciona el sistema de comunicaciones poniendo en crisis las redes viarias existentes, heredadas en la mayoría de los casos de trazados pensados para la tracción animal cuando no, tan sólo para caminantes.

Los primeros trabajos de adecuación inciden directamente en los aspectos materiales de las vías: firmes, bases, etc. Sin embargo, el rápido desarrollo en la construcción de vehículos y la evolución de sus prestaciones muestra en qué medida la técnica de la automoción requiere de leyes propias para su buen funcionamiento. El elemento básico que ocasiona la ruptura con los sistemas tradicionales es el rápido incremento en la velocidad que pueden alcanzar los vehículos.

El cambio de escala entre tracción animal y automoción repercute directamente tanto en el movimiento como en la capacidad de percepción, generando un discurso propio sobre el carácter y forma de la vía. En el período de entreguerras se desarrollan estudios y realizaciones técnicas y legislativas encaminadas, por un lado, a codificar las normas de utilización de las vías y, por otro, a establecer parámetros precisos para su proyectación. Aparecen por primera vez criterios universales sobre clasificación de vías según el tipo de locomoción, con el objeto de separar los vehículos con diferentes velocidades. Se significan ambos sentidos de la marcha, se diferencian estacionamiento de circulación y se independiza al peatón de la circulación rodada.

La forma autopista desarrollada en la Alemania del Tercer Reich, propone un modelo especializado de vía para máxima velocidad. Su sección transversal se caracteriza básicamente por una impermeabilización efectiva de los dos sentidos de la marcha, la especialización de las velocidades mediante la multiplicidad de carriles y la eliminación de la circulación peatonal. En cuanto al trazado, alterna diversas formas geométricas, rectas, curvas o sinusoides, compensadas por peraltes y clotoides. Su realización requiere asimismo un grado de tecnificación que permita agilizar al máximo el proceso de construcción.

19th century, the internal combustion engine has radically transformed the nature of private transportation.

In the period between the two world wars, the automobile became commonplace in America and Europe. Advances in industrial technology and the widespread adoption of the production line brought a reduction in cost and with it the popularization of utilitarian cars like the T-model Ford in the United States and the Volkswagen in Germany. In barely twenty years the use of the motor car revolutionized communications, provoking a crisis in the existing road network, a system inherited for the most part from the days of animal traction, and much of it originally laid out for the traveller on foot.

The upgrading of the road network initially concentrated on the material fabric of the road surface and its foundations. However, the rapid development in the design and manufacture of the motor car and its performance revealed the extent to which the automobile was subject to its own particular laws. The key factor in the break away from traditional road systems was the ever increasing speed of the new vehicles.

The change in scale from animal to automotive traction had an immediate impact on the dynamics of movement and on the capacity for perception and reaction, generating a discourse of its own concerning the character and form of the road. The period between the wars saw considerable research and technical and legislative change, intended on the one hand to establish the normative framework governing road use, and on the other to set precise parameters for road design. For the first time universal criteria were proposed for the classification of roads on the basis of vehicle type, in order to segregate these according to their speed. Roads were marked out to indicate direction, spaces for circulation and parking were differentiated and pedestrians separated from vehicles.

The motorway as a form, developed in the Germany of the Third Reich, offers a specialized model of high-speed road. In transverse section, its basic characteristic is the effective segregation of the two directions of traffic, together with the specialization of speed bands in different lanes and the exclusion of pedestrian transit. With regard to trajec-

Sección transversal del puente de Brotonne, sobre el Sena, según F. Leonhardt.

Transverse section of the Brotonne bridge over the Seine, drawn by F. Leonhardt.

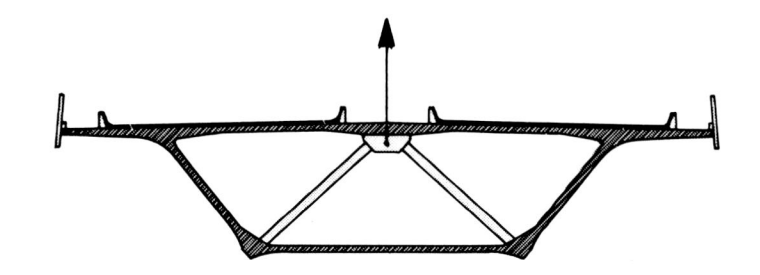

El resultado es una vía formalmente más estricta en cuanto a parámetros de diseño y, sin embargo, más independiente respecto del territorio sobre el que se sitúa. La difícil relación con el lugar que origina el trazado de una autopista, obliga a extremar el diseño y dimensionado de las obras de fábrica. Los puentes en concreto se ven supeditados a un programa simple y muy poco flexible: el que determina la velocidad concreta para la que se ha diseñado la autopista. Así, la proyectación de puentes de autopista, carece de la práctica totalidad de los recursos programáticos de que gozaban los puentes para peatones o carruajes. El puente se convierte en un artificio estático destinado a soportar en el aire la calzada. Prácticamente pasa a ser tan sólo su propia estructura, y aún ésta, supeditada a situaciones curiosamente anómalas: curvaturas en planta, desniveles en sentido longitudinal o peraltes en sentido transversal, con las que hasta entonces los puentes nunca habían tenido que enfrentarse.

La pérdida de la presencia de la persona estática sobre el puente y de la relación de ésta con la morfología del territorio sobre el que se asienta, definen una nueva situación ante la cual los proyectistas se encuentran sin referentes.

Fritz Leonhardt, consciente del papel central de la estructura en el diseño de los puentes de autopista, intenta con sus libros sentar unas nuevas bases estéticas a partir de las cuales abordar su diseño. Imposibles los referentes clásicos de centralidad, simetría, orden o proporción, la belleza de la estructura debe asentarse en unos nuevos valores nacidos del impacto de la velocidad sobre el trazado y la relación de éste con el territorio. Esta nueva estética tomará como referente aquellos valores que acentúen el sentido último del puente de autopista: dar continuidad a la vía, sin detrimento de las prestaciones para las que la vía está diseñada. Para ello, el puente tiende a asimilarse morfológicamente a la vía. Esta identificación matiene la escala global al no introducir en ningún momento referentes estáticos ajenos a la propia autopista. La esbeltez de las proporciones y la ductilidad de la geometría del trazado pasan a ser los principales referentes en la proyectación de los puentes.

En el ya mencionado: *Puentes. Estética y Diseño* Leonhardt escribe: "Indudablemente un puente esbelto se ve mejor que uno pesado

tory, the motorway employs various geometrical forms, with straight, curving and sinusoidal stretches, these latter compensated by banking. At the same time, the building of motorways requires a high degreee of technical input to ensure the maximum possible agility in the construction process.

The result is a road marked by a greater formal rigour in its design parameters, and at the same time with a greater independence from the territory in which it is situated. The problematic relationship with the place through which the motorway trajectory is routed calls for great care in the design and the scaling of the construction. Bridges in particular are governed by a simple and relatively inflexible programme, determined in effect by the specific speed limits envisaged for the motorway. As a result, the design of motorway bridges is obliged to dispense with most of the programmatic resources available in the case of bridges for more leisurely forms of transit. The motorway bridge is reduced in essence to a static mechanism whose function is to carry the road over an obstacle, amounting to little more than the structure, which is itself determined by a series of strangely anomalous situations: curves in the plan, longitudinal differences in level and transverse banking; situations that the bridges of the past did not have to address.

The missing presence of the static human figure on the bridge, who would establish the relationship with the morphology of the surrounding territory, defines a new situation without points of reference for the engineers and architects.

Fritz Leonhardt, conscious of the central role of the structure in the design of motorway bridges, has written a number of books in which he seeks to provide new aesthetic bases for bridge design. In the absence of the classical references of centrality, symmetry, order and proportion, the beauty of the structure must be based on new values deriving from the impact of speed on the trajectory and the relationship between this and the territory. This new aesthetic principle takes for reference those values that accentuate the ultimate meaning of the motorway bridge: the continuation of the high-speed road without sacrificing any of the qualities intrinsic to its existence. For this reason, the bridge tends to assimilate itself morphologically to the motorway itself. This identification maintains the

y, por ello, la esbeltez es algo a lo que se aspira casi siempre en el diseño. Sin embargo, y por razones técnicas o económicas, no siempre se puede adoptar aquella esbeltez ideal h:1 que sería de desear de cara a la apariencia del puente en su entorno, pero podemos perfilar la sección del puente de tal forma que éste aparezca más esbelto de lo que realmente es".

Los sistemas que proponen para conseguir esa apariencia de esbeltez son: "En primer lugar, volar la losa del tablero sobre la viga de borde [...] La viga queda totalmente en sombra y casi no se aprecia su esbeltez real [...] El segundo procedimiento [...] es el dimensionado conveniente de la altura y de la imposta [...] Como norma general puede valer el que la altura de la imposta sea igual a 1:80".

En cuanto al trazado, Leonhardt propone una mayor ductilidad, revisando las normas geométricas que potencian la horizontalidad del alzado o la ortogonalidad del trazado. Así propone: "En los casos de pasos superiores sobre autopistas en terreno llano, la curva del acuerdo vertical debe prolongarse a las rampas de acceso. En un puente sobre un río en terreno llano es de desear que la curva de acuerdo se extienda en toda la longitud del puente aunque se obtengan radios muy grandes [...] En el caso de que los encuentros con los márgenes estén a diferentes niveles el puente tendrá la correspondiente inclinación y se puede integrar en el acuerdo inferior y el eventual acuerdo superior [...] En planta hay que tratar de conseguir en el trazado que el cruce de una vía con otra vía, o un río, o un valle sea lo más ortogonal posible, siempre que no se fuerce excesivamente la alineación [...] Si el puente desviado es de cierta anchura sólo hay una solución aceptable: todas las líneas y superficies de los elementos transversales al puente deben ser paralelas al río o valle. En cualquier caso, las pilas en un río deben ser paralelas a la corriente [...] En los márgenes, el aspecto de un estribo paralelo a la corriente es mucho mejor que el de uno perpendicular a la vía".

La depuración formal a la que llega la estética de Leonhardt, refleja la simplificación de contenidos desde la que se plantea. Hay en esta actitud, sin embargo, un fuerte grado de perversión del rigor estructural. La búsqueda de una belleza basada en la esbeltez desem-

overall scale, rigorously excluding the introduction of static referents alien to the motorway itself. The slender proportions and ductility of the geometry of the trajectory thus emerge as the principal referents in motorway bridge design.

In his book Puentes. Estética y Diseño, *Leonhardt writes: "Undoubtedly a slender bridge looks better than a heavy one, and slenderness is thus something almost always aspired to in the design. If, for technical or economic reasons, it is not always possible to arrive at that ideal h:l slenderness desired in relation to the appearance of the bridge in its surroundings, we can nevertheless draw the section of the bridge in such a way that it looks slimmer than in fact it is".*

The systems proposed for achieving this slender appearance are as follows: "In the first place, to extend the slab of the deck beyond the edge of the girder [...] The girder is left completely in shadow and its true thickness is effectively concealed [...] The second procedure [...] consists in giving the appropriate dimensions to the height and the impost [...] As a general rule it can be established that the ratio of height to impost should be 1:80".

With regard to the trajectory, Leonhardt is in favour of greater ductility, revising the geometrical principles oriented towards the horizontality of the elevation or the orthogonal regularity of the trajectory. "In the case of motorway flyovers on level terrain, the curve of the vertical development should be continued as far as the access ramps. For a bridge over a river on level terrain it is desirable for the vertical curve to extend the entire length of the bridge, even if this results in very large radii [...] In cases where the connections with the banks on either side are on different levels, the bridge will have the corresponding inclination capable of being integrated with the lower inflection and the eventual upper inflection [...] "In plan, the aim is to try to ensure a trajectory in which the crossing of the road over another road or a river or valley is as orthogonal as possible, where this does not involve an excessive forcing of the alignment [...] If the bridge in question is of a certain width, there is only one acceptable solution: all of the lines and surfaces of the transverse elements should run parallel to the line of the river or valley. In any case, the piling in a river must

Pasarela de comunicación en el aeropuerto de Schiphol, Amsterdam, por Benthem y Crouwel.

Communication footbridge in Schiphol Airport, Amsterdam, by Benthem and Crouwel.

boca en un repertorio formal que sólo tangencialmente se corresponde con valores estructurales y que acaba basándose más en la simulación, o en todo caso en la apariencia del rigor, que en el rigor mismo. Por otro lado, pensar en la evolución de los puentes vinculada a la velocidad de los vehículos sin plantearse en qué medida esta evolución es deudora de factores sociales más amplios muestra una actitud ostentosa, por otra parte generalizada durante los años 60, no sólo en la proyectación de puentes sino prácticamente en todos los campos relacionados con el diseño.

Quizás tan sólo en alguno de los proyectos de Le Corbusier podemos ver reflejada una actitud que aúna al mismo tiempo un entendimiento del factor velocidad con un desarrollo comprensivo de su soporte social y urbanístico. Los planes de urbanización para la ciudad de Argel o de Río de Janeiro proyectados en los años treinta proponen tipologías mixtas de habitación y vialidad en un intento por presentar crecimiento urbano y sistemas de comunicación ligados a una única concepción urbanística.

En su texto *Posiciones situacionistas sobre circulación* Guy Debord escribe: "Querer rehacer la arquitectura en función de la existencia actual, masiva y parasitaria, de los automóviles individuales, es desplazar los problemas con un grave irrealismo. Hay que rehacer la arquitectura en función de todo movimiento de la sociedad, criticando todos los valores pasajeros, ligados a formas y relaciones sociales condenadas [...] La ruptura de la dialéctica del medio humano en favor de los automóviles [...] enmascara su irracionalidad bajo explicaciones pseudoprácticas".

Este posicionamiento, contrario al progreso tecnológico irresponsable que deja de lado los valores humanistas, se concretará a finales de los 60 en una recesión estilística que modificará de nuevo los parámetros estéticos hasta entonces manejados.

Años después, en 1988, en su texto *Comentarios sobre la Sociedad del Espectáculo* Debord mantiene su postura contraria a la simulación y pérdida de rigor en el diseño: "Lo falso crea el gusto y

be parallel to the current [...] On either side, a pier set parallel to the current has a much better appearance than one perpendicular to the line of the road."

The purity of form arrived at by Leonhardt's aesthetics reflects the simplification of content on which it is posited. This approach nevertheless embodies a considerable degree of perversion of the principle of structural rigour. The pursuit of an idea of beauty based on slenderness gives rise to a formal repertoire that corresponds only indirectly wih structural values and is ultimately founded more on simulation, or at least on the appearance of rigour than on any authentic rigour. On the other hand, to consider the evolution of the bridge in relation to the speed of road vehicles without taking account of the extent to which this evolution is influenced by wider social factors is to adopt a somewhat ostentatious attitude; an attitude that was generally prevalent in the 60s not only in the design of bridges but in virtually every design-related field.

Perhaps we have to turn to certain projects by Le Corbusier to find the reflection of an attitude that simultaneously combines an understanding of the speed factor and a comprehensive development of the social and urbanistic context. The urban plans for the cities of Algiers or Rio de Janeiro drawn up in the thirties propose a mix of residential and traffic network typologies informed by a concern to present urban growth and communications systems linked together in an overall urbanistic concept.

In his text Situationist positions on circulation, *Guy Debord wrote: "To seek to remake architecture in terms of the present massive and parasitical existence of the private car is to displace problems in a highly unrealistic manner. Architecture needs to be remade in terms of every movement of society, criticizing all transient values linked to doomed social forms and relations [...] To break off the dialectic with the human environment in favour of the automobile [...] is to disguise irrationality behind pseudo-practical explanation".*

This position, opposed to the irresponsible promotion of technological progress at the expense of humanist values, was manifested in

se refuerza eliminando a propósito cualquier referencia a lo auténtico. Y lo que es genuino se rehace lo más rápidamente posible para que parezca falso".

5. Sobre este libro

Tras el masivo desarrollo en el terreno de la arquitectura y la construcción en los años 50 y 60, y en especial en el ámbito de las infraestructuras viarias, redes de autopistas o crecimientos suburbanos, la crisis energética de los 70 supuso un alto que se prolonga hasta principios de los 80. Se inicia entonces una lenta recuperación de la producción que culmina en las intervenciones de reestructuración urbana de principios de los 90. En este contexto, la nueva generación de puentes se presenta dividida. Por un lado, la producción seriada en autopistas y crecimientos periféricos sigue las pautas desarrolladas desde la Segunda Guerra Mundial. Los sectores más utilitaristas mantienen vigentes los modelos estéticos enunciados por Fritz Leonhardt, sin apenas aportaciones, generalizándose los sistemas de prefabricación en hormigón, con el uso masivo de vigas pretensadas en aquellos puentes de escaso presupuesto y manteniéndose la construcción con hormigón postensado *in situ*, con encofrados de cierta calidad, para puentes de mayor interés, generalmente aquellos situados en contextos urbanos.

Simultáneamente, y en sectores no utilitaristas, la idea de puente es revisitada desde nuevos planteamientos. La recesión que obviamente abarcó todos los sectores, coincidió, y no casualmente, con la formulación de posiciones abiertamente críticas al Movimiento Moderno. La aparición a finales de los 60 de los textos *Complejidad y Contradicción en la Arquitectura* de Robert Venturi y *La Arquitectura de la Ciudad* de Aldo Rossi confirma la crítica al pasado inmediato y pone de manifiesto la pérdida de significados de la arquitectura más reciente. La ahistoricidad, desvinculación del contexto y falsedad que se encubre bajo los conceptos de sencillez, objetividad o simplificación, son descalificados. Frente a ello se reivindica una nueva mirada sobre la historia y sobre el lugar, así como una reproposición tanto de los valores propios de lo edilicio, disciplina, tipología, urbanidad, cuanto de los significados, complejidad y ambigüedad, en los modelos de acercamiento al usuario.

the late 60s in a stylistic recession that transformed once again the aesthetic parameters worked with until then.

Several years later, in his 1988 text Comments on the Society of the Spectacle, *Debord was still maintaining his critical position towards simulation and the loss of rigour in design: "The false creates taste and strengthens itself by deliberately eliminating any reference to the authentic. And what is genuine is remade with all possible speed so that it appears false".*

5. Concerning this book

Following the massive development experienced in architecture and construction during the 50s and 60s, particularly in the area of road infra-structures, the energy crisis of the 70s marked a halt that continued until the early 80s. There then began a slow recovery in the level of production, culminating in the urban renewal of the 90s. Seen in this context, the latest generation of bridges is divided in its allegiances. On the one hand, the mass production of motorways and peripheral urban growth has continued along the same general lines followed since the Second World War. The more utilitarian wing has kept its eyes on the aesthetic models proclaimed by Fritz Leonhardt, attempting very little innovation, generalizing the use of industrially fabricated concrete systems, with pre-stressed concrete beams featuring massively in lower-cost bridges and post-tensioned in situ *concrete and formwork of some quality being reserved for bridges of greater significance, generally situated within the urban context.*

Simultaneously with this, the idea of the bridge has been reconsidered from new perspectives in the non-utilitarian wing. It is no accident that the recession, which of course affected every sector, coincided with the formulation of positions openly critical of the Modern Movement. The appearance at the end of the 60s of the texts Complexity and Contradiction in Architecture *by Robert Venturi and* The Architecture of the City *by Aldo Rossi confirmed this critique of the recent past and drew attention to the loss of signification in contemporary architecture. Ahistoricity, the denial of links with the context and a falsity camouflaged by the concepts*

En esta nueva situación el puente es revisitado con las reservas propias de quien se acerca a un tema que en los últimos años ha perdido toda referencia arquitectónica y se ha asimilado al mundo de la producción económica y al desarrollo más tecnificado. Quizás por todo ello, los primeros trabajos sobre puentes en los 70 extreman el referente historicista, haciendo patente la voluntad de recuperarlo como tipología arquitectónica. El Fargo-Moorhead Cultural Center de Michael Graves en 1977, con la cita directa a Ledoux, o las estructuras neo-industriales usadas por Aldo Rossi en sus proyectos para Trieste reivindican el origen arquitectónico y, por tanto, disciplinar y urbano de la tipología puente.

En 1984, con motivo de la Tercera Bienal de Arquitectura de Venecia, Aldo Rossi organiza el concurso *Progetto Venezia* proponiendo una serie de proyectos referidos a la realidad de Venecia y su territorio para estudiar el panorama arquitectónico contemporáneo. Entre los proyectos destaca un nuevo puente sobre el Gran Canal, frente a la Academia. El propio lugar escogido, el centro de una ciudad histórica ya consolidada y con una larga tradición y cultura en la construcción de puentes, indica los parámetros sobre los cuales la nueva visión va a centrarse. En su discurso de inauguración Rossi enuncia: "Creo que es momento de salir de esta sequía ideológica y de afrontar la arquitectura como una técnica que no tiene miedo de una acusación que puede hacerse sobre esta muestra, pero que se convierte también en su fuerza: la del eclecticismo".

Ecléctica, efectivamente, podría ser la palabra que mejor definiese la selección de proyectos presentados en el concurso de Venecia. Historia, monumentalidad, ciudad y disciplina van a marcar las líneas de trabajo básicas de los concursantes, conviviendo tendencias diversas que hasta ese momento podrían haberse entendido como contrapuestas y que sin embargo, juntas mostraban un nuevo panorama en la comprensión de la arquitectura y de la construcción de puentes.

El impulso dado hacia finales de los ochenta y primeros de los noventa a la reconstrucción y reordenación de algunas ciudades europeas, plantea un nuevo hito en el desarrollo evolutivo de los puentes.

of simplicity or objectivity were exposed and condemned. In their place was a call for a new look at history and the site, alongside a reassertion of the values intrinsic to the fact of building, advocating discipline, typology, urbanity with regard to significations, and complexity and ambiguity in the models of engagement with the user.

In this new situation the bridge was reconsidered with the reservations necessary to approaching a subject that had over recent years lost all architectural reference and been assimilated into the sphere of economic production and the most technologized development. Perhaps for all these reasons, the first exercises in bridge construction of the 70s underline their historicist references, explicitly manifesting their concern with recovering these as architectural typology. The Fargo-Moorhead Cultural Center designed by Michael Graves in 1977, with its direct quoting from Ledoux, or the neo-industrial structures employed by Aldo Rossi in his Trieste projects commit themselves to the architectural —and thus disciplinary and urban— origins of the bridge typology.

In 1984, as part of the III Venice Architecture Biennial, Aldo Rossi organized the Progetto Venezia *competition proposing a series of projects referring to the realities of Venice and its environs as a means of studying the contemporary architectural panorama. One of the outstanding schemes was for a new bridge over the Grand Canal, in front of the Accademia. The very selection of the site, in the heart of a historic and perfectly consolidated city with a long tradition and an established culture of bridge building, clearly indicates the parameters on which the new vision was to centre itself. In his opening remarks, Rossi declared, "I think the time has come to escape from this ideological drought and address architecture as a technique that is not afraid of accepting an accusation that might be directed against this show, but is at the same time its strength: that of eclecticism".*

Eclectic, indeed, might be the best term with which to define the selection of projects presented by the Venice competition. History, monumentality, city and discipline marked out the basic lines worked by the participating architects, drawing together diverse tendencies that might formerly have been regarded as mutually opposed and yet, combined,

Berlín, Barcelona, Rotterdam, y Sevilla serán los escenarios de implantaciones de infraestructuras viarias que permitirán la proyectación de nuevos puentes. Los parámetros a partir de los cuales éstos van a plantearse, no son sino los ya establecidos en el concurso de Venecia: reflexión sobre la historia, voluntad de comprensión de la ciudad, claridad disciplinar, y valoración como monumento.

Los puentes que aquí presentamos podrían agruparse según estos parámetros con el objeto de hacer más comprensible la selección. Así lo hemos planteado en el libro aún a costa de caer en un cierto reduccionismo, ya que una de las características de este fin de siglo en el marco de la producción arquitectónica es precisamente la ambigüedad, la mezcla de estilos y de referencias, por lo que, intentar inscribir un puente en una única y sola tendencia no deja de empobrecer su lectura. Aún así, es fácil descubrir en estos proyectos sus intenciones básicas.

La relación con la ciudad supone la necesaria elección de tipologías urbanas en las que el puente pueda basarse. Los puentes que Foster, Batlle y Roig y Mimram construyen, se convierten en calles que a

opened up a new perspective on the understanding of the design and construction of bridges.

The impetus provided by the reconstruction and reordering of various European cities during the late 80s and early 90s represented a new milestone in the evolutionary development of the bridge. Berlin, Barcelona, Rotterdam and Seville were the settings for new road infrastructures that called for the design of new bridges. The parameters in terms of which these were conceived are exactly those established by the Venice competition: a reflection on history, a commitment to understanding the city, a disciplinary clarity and a validation of the monumental role.

The bridges presented here might be grouped together according to these parameters with a view to making the selection more comprehensible. That is what we have set out to do in this book, even at the risk of a certain reductionism, given that one of the characteristic features of the architectural production of this end of the century is precisely its ambiguity, the mixing of styles and references, and so to attempt

El puente de la Academia, sobre el Gran Canal, Venecia,
R. Venturi, 1984.
The Accadèmia bridge on the Grand Canal, Venice, by R. Venturi, 1984.

su vez se significan como lugar por el que transcurrir. Pinós y Speer, utilizan la plaza como modelo espacial que les permite coser o restituir la ciudad en ámbitos en los que ésta parece carecer de estructura. Las pasarelas elevadas de Farrando, Soldevila y Llorens en Barcelona dan continuidad a la estructura peatonal por encima de las fracturas que el tráfico deja en ella.

Respecto a la historia y a su valor como instrumento de proyectación, el puente en Ponferrada de Andrés Lozano y la pasarela en el complejo industrial Braun de Stirling y Wilford, dejan clara una actitud nostálgica pero inteligente que les permite trabajar en sus proyectos mediante citas al pasado histórico del emplazamiento. Los proyectos de Steven Holl, Rem Koolhaas, Emilio Ambasz y el grupo Site rescatan, a través de la metáfora, aquellos valores históricos de los puentes que los han hecho más característicos: el salto, la desubicación, o la ocupación programática. Siah Armajani y Peter Wilson, en cambio, adoptan una actitud más distanciada ante el concepto puente que les permite desde su artisticidad una mirada irónica pero eficaz.

La reflexión sobre los parámetros constructivos hace que algunos proyectistas adopten ante la edificación de un puente una actitud disciplinar basada en el rigor y la claridad conceptual. Los puentes de Fernández Ordóñez y Martínez Calzón, Benthem & Crouwel y Enric Miralles identifican el papel de los elementos que componen el puente y su relación con el conjunto de la construcción. En las pasarelas de Souto de Moura y Waro Kishi la resolución de los estribos junto con la minimización de los soportes permite simplificar la imagen general de puente. En los trabajos de Lluís Miquel Serra y Kollhoff y Timmermann el rigor y la disciplina con que se aborda el proyecto, se mezcla con una actitud historicista que lo relaciona con soluciones ya experimentadas, pero de total vigencia.

Por último, algunos proyectistas trabajan la identificación de puente y monumento a través de estrategias bien conocidas. La espectacularidad de las soluciones propuestas por Van Berkel y Arenas y Pantaleón, son capaces de recuperar para el puente su valor como monumento urbano. Los trabajos de Mimram, Seurin, y Loegler y Salmine,

to inscribe a bridge within any one tendency would inevitably impoverish our reading of it. Nevertheless, it is not difficult to discover the basic intentions in these projects.

The relationship with the city necessarily involves the choice of urban typologies on which the bridge may base itself. The bridges constructed by Foster, Batlle and Roig and Mimram develop into streets that at the same time declare themselves as places for passing through. Pinós and Speer utilize the plaza as the spatial model that allows them to knit together or reinstate the city at points where it appears to lack structure. The footbridges by Farrando, Soldevila and Llorens in Barcelona give continuity to the pedestrian fabric, stitching over the fissures created by road traffic.

As regards history and its value as a design instrument, the bridge in Ponferrada by Andrés Lozano and the footbridge in the Braun industrial complex by Stirling and Wilford clearly manifest a nostalgic yet intelligent approach that enables them to work out their projects on the basis of quotations from the site's historic past. The projects by Steven Holl, Rem Koolhaas, Emilio Ambasz and the Site group recover, by way of metaphor, those historical values of the bridge that have become its primary characteristics: the leap, the displacement or the occupation of the programme. Siah Armajani and Peter Wilson, on the other hand, take a more distanced view of the concept of the bridge, imbued with an artistic quality that is ironic yet highly effective.

Reflection on the parameters of construction prompts certain architects to adopt a disciplinary attitude to bridge building based on rigour and conceptual clarity. The bridges by Fernández Ordóñez and Martínez Calzón, Benthem & Crouwel and Enric Miralles identify the role of the component elements of the bridge and their relationship with the construction as a whole. In the footbridges by Souto de Moura and Waro Kishi, the treatment of the piers combines with a minimizing of the supports to simplify the overall image of the bridge. In the work of Lluís Miquel Serra and Kollhoff and Timmermann the rigour and discipline of the project is combined with a historicist attitude that effectively relates it to other, tried and tested and supremely valid solutions.

aun partiendo de parecidos presupuestos, actualizan la imagen de monumento haciéndola recaer no tanto en valores de escala como en valores de diseño.

Todos ellos constituyen una muestra de lo que ha sido la producción de puentes en los últimos años. Con esta idea y no otra se recogen en este libro, con el deseo de que con el tiempo fueran reflejo de un momento concreto, y como tal, motivo de reflexión.

Finally, a number of architects manifest a concern with the identication of the bridge as monument on the basis of well established strategies. The spectacular character of the solutions proposed by Van Berkel and Arenas and Pantaleón serves to restore to the bridge its value as urban monument. The work of Mimram, Seurin and Loegler and Salmine, while it sets out from similar premisses, updates this monumental image, founded not so much on issues of scale as on design values.

All of these projects constitute a sample of the bridge production of the last few years. They are presented here in this light, in the hope that they will in time serve to reflect, and to stimulate reflection on, a particular historical moment.

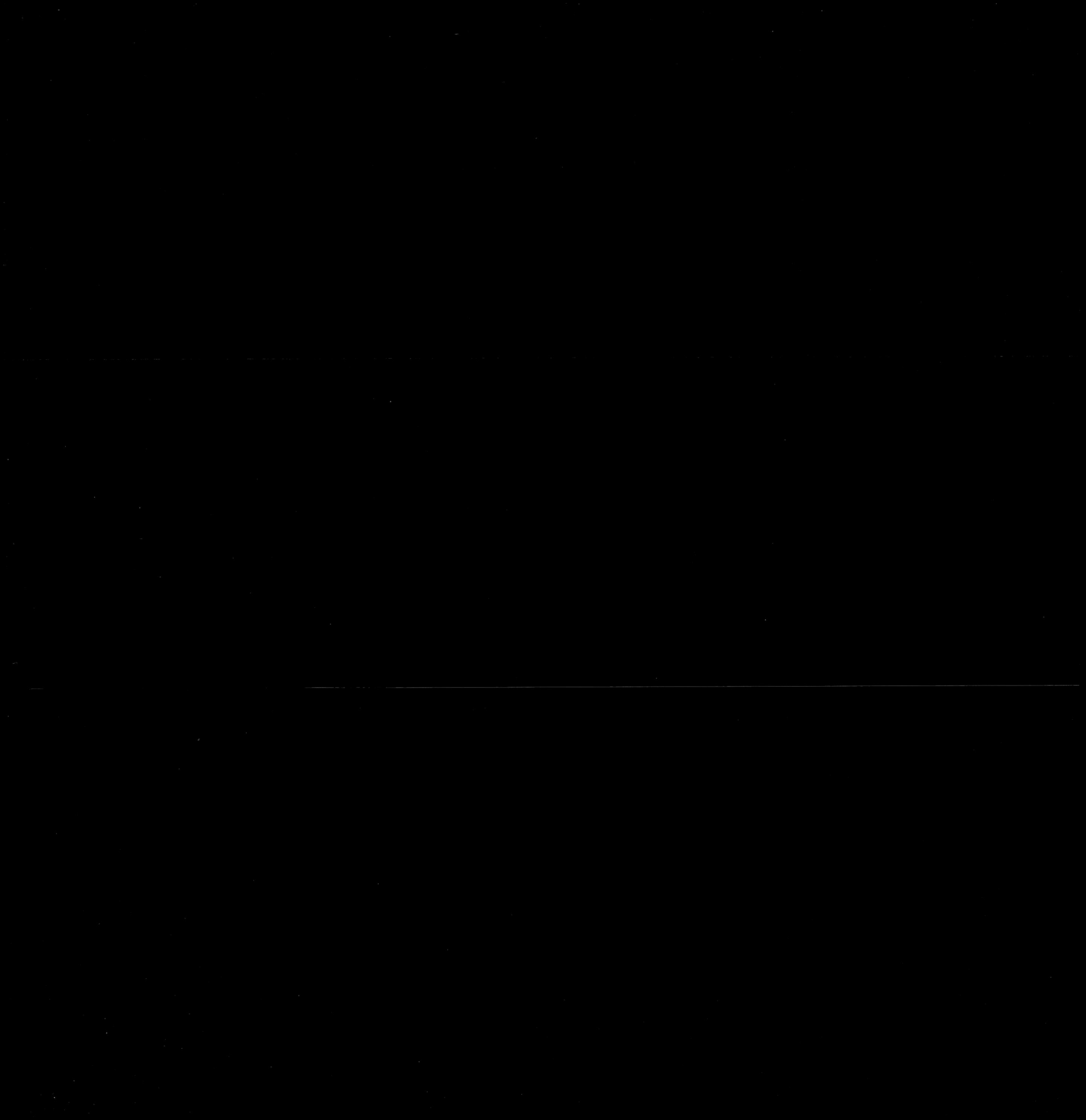

Ciudad y espacio público
City and public space

Pasarela sobre el río Támesis Londres, Gran Bretaña. 1994
Sir Norman Foster arquitecto. Colaboradores: Ove Arup and Partners

***Footbridge over the river Thames** London, Great Britain. 1994*
Sir Norman Foster architect. In conjunction with: Ove Arup and Partners

La arquitectura de Norman Foster se ha caracterizado desde el principio de su carrera por dedicar una atención especial al papel de la estructura en el desarrollo del proyecto, supeditando implantación y contexto a la claridad de una propuesta estructural rotunda.

Sorprende, pues, de su diseño para una pasarela sobre el Támesis, un planteamiento inicial tan exquisitamente urbano como el que muestra en los dibujos que aquí se presentan.

Su reflexión sobre el puente como lugar desde donde observar la ciudad, está en el origen de la mayoría de decisiones proyectuales y es paradigmático del proceso de pensamiento de los años ochenta sobre la idea de puente como parte de la ciudad y como espacio público en sí mismo.

En su proyecto para el Támesis, la estructura, al colocarse bajo el tablero, supedita su presencia al interés por la visión del río sin obstáculos. El tablero, a su vez, a la manera de algunos puentes orientales, acompaña a la estructura en su aproximación a los apoyos, dibujando una sección longitudinal levemente sinusoide.

Se consiguen así luces estructurales no muy grandes, evitándose los posibles conflictos que una estructura de mayores dimensiones podría suponer respecto a las condiciones ambientales de atención a la escala del río y de la ciudad en este entorno.

Asimismo, la ubicación sobre el puente de un programa de usos comerciales, se hace respetando y aun acentuando la ondulación de la plataforma, de manera que en su transcurrir, el peatón alterna rítmicamente la visión del río con la presencia de los comercios.

From the start of his career, Norman Foster's architecture has been characterized by the particular attention accorded to the structure in the development of the design, subordinating siting and context to the clarity of a fully developed structural project.

In Foster's design for a footbridge over the River Thames it is therefore surprising to see an initial layout with the exquisitely urban sensibility shown in the drawings reproduced here.

His reflections on the bridge as a place from which to observe the city underpin most of the basic design decisions, perfectly exemplifying the eighties approach to the idea of the bridge as a part of the city and as a public space in its own right.

In his project for the Thames the structure, located beneath the deck, is subordinated to the interest in offering unimpeded views of the river. The deck in turn, in the manner of certain Far Eastern bridges, follows the structure in its connection with the supports, generating a slightly sinusoidal longitudinal section.

In consequence the structural spans are kept deliberately short, avoiding the possible conflicts which a structure of greater dimensions might have provoked in relation to the contextual requirements of attention to the scale of the river and the surrounding city.

At the same time, the inclusion of the various commercial premises called for in the brief not only respects but even accentuates the undulation of the platform, so that people walking across the bridge experience a rhythmical alternation of views of the river punctuated by the presence of the shops.

La Catedral desde el puente.
El diseño sinusoide de la pasarela permite focalizar la presencia de la Catedral, albergar pequeños comercios y a la vez integrar la presencia del río en el recorrido del peatón.

The Cathedral from the bridge.
The sinusoidal design of the footbridge serves to focus the presence of the Cathedral, accommodating small shops and at the same time involving the presence of the river in the pedestrian itinerary.

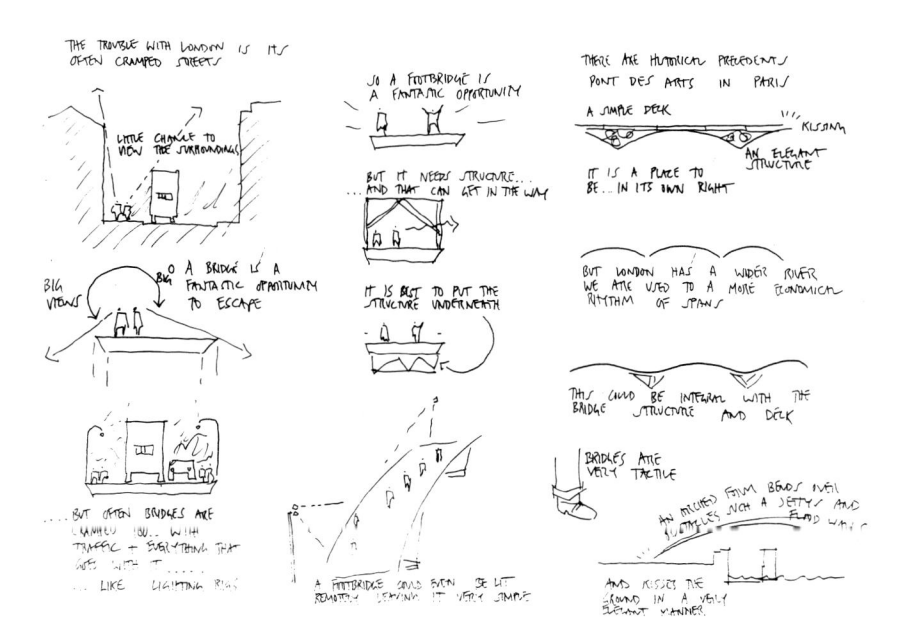

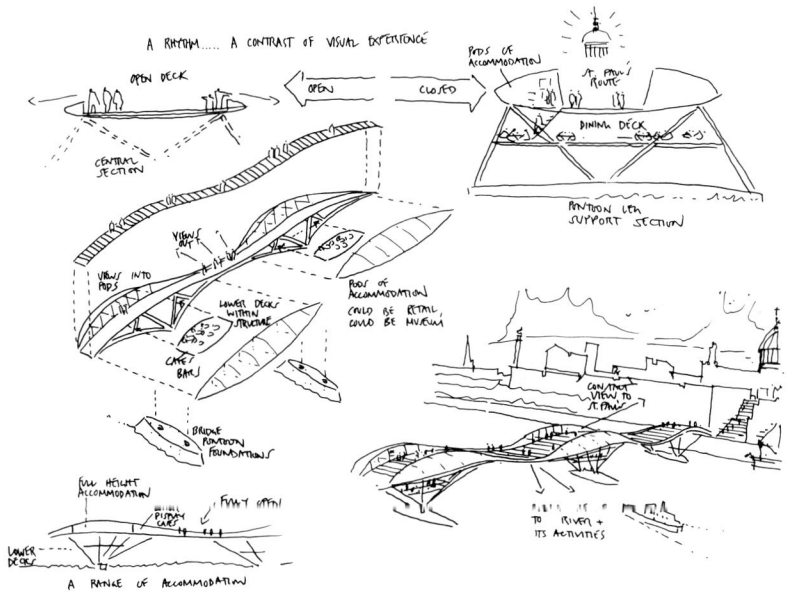

Croquis iniciales.
Los primeros dibujos muestran el interés del proyectista por reflexionar, de forma general, sobre la percepción de la ciudad por el peatón, y en particular sobre el papel que la pasarela desempeñará en su entorno más inmediato.
La decisión de situar la estructura portante bajo el tablero, tiende a facilitar una mejor relación entre peatón y entorno.
La alternancia de comercios y miradores sobre el río, a la manera del Ponte Vecchio de Florencia, da continuidad al tejido urbano, por encima del río, y confiere a la pasarela un fuerte carácter como dinamizador del sector.

Initial sketches.
The first drawings show the architect's concern to reflect, in a general way, the pedestrian's perception of the city, and in particular the role the footbridge plays in its own immediate environment.
The decision to situate the load-bearing structure below the deck helps to create a closer relationship between pedestrian and environment.
The alternation of shops and observation points overlooking the river, in the manner of the Ponte Vecchio in Florence, establishes the continuity of the urban fabric on either side of the river and gives the footbridge a powerful character as a dynamic element in the sector.

Puente sobre el río Besós Barcelona, España. 1988
Enric Batlle y Joan Roig arquitectos. Colaborador: Jordi Torrella, ingeniero

Bridge over the river Besós *Barcelona, Spain. 1988*
Enric Batlle and Joan Roig architects. In conjunction with: Jordi Torrella, engineer

La proximidad del mar y su posible contemplación desde el puente, así como la diversificación de circulaciones para acentuar su calidad urbana, estarían en la base de este puente sobre el río Besós, en Barcelona.

Para ello, su tablero se divide en tres plataformas, acera mar, calzada y acera montaña, que se escalonan asimétricamente a modo de anfiteatro. Esta asimetría se acentúa al diseñarse la acera mar en forma de paseo, dotándola de bancos y protegiéndola de los vientos.

La acera lado montaña se reduce hasta convertirse en una pasarela de circulación más dinámica, que al ir más elevada que el resto de los pasos aporta a la circulación peatonal ese factor de riesgo que todo paso sobre un río conlleva.

Esta sección asimétrica y escalonada, al concluir en dos puntos de salida iguales para todos los pasos, dibuja en alzado tres trazas de radio distinto.

Esta obviedad, sin embargo, es alterada en pos de una sección igualmente asimétrica, con el fin de inflexionar el puente hacia el lado contrario por el que pasan los tendidos eléctricos que remontan el río.

La construcción en hormigón permite flexibilizar las terrazas, curvándolas suavemente, sin alterar su geometría.

Los apoyos se independizan formal y geométricamente de los tableros, acentuando la ligereza de éstos.

The proximity of the sea and the possibility of contemplating it from the bridge, together with the diversification of the circulation routes which effectively accentuates its urban quality, are the basic elements in this bridge over the River Besós in Barcelona.

In order to achieve this, the deck is divided up into three platforms: the seaward pavement, the roadway and the landward pavement are stepped up asymmetrically in the style of an amphitheatre.

This asymmetry is accentuated by the layout of the seaward pavement in the form of a promenade, furnished with benches and sheltered from the wind.

The landward pavement is reduced in width to become a more dynamic walkway, its situation at a higher level adding to the sense of risk inherent in the act of crossing a river.

This stepped asymmetrical section, terminating in two identical entrance points shared by all the routes, imposes three arcs of different radii on the elevation.

Nevertheless, this characteristic feature is modified to accommodate an equally asymmetrical section, which serves to deflect the bridge towards the opposite bank where the electric cables pass along the side of the river.

The concrete construction permits a certain flexibility in the form of the terraces, which curve slightly without altering their geometry.

The supports are formally and geometrically independent of the decks, accentuating their lightness.

El puente visto desde el mar.
El escalonamiento de la sección transversal se traduce en un alzado frontal en forma de huso, desimetrizado por la presencia de la torre eléctrica.

The bridge seen from the sea.
The stepping up of the transverse section is translated on the front elevation in the form of a drum, its symmetry broken by the presence of the electricity pylon.

Alzado.
Elevation.

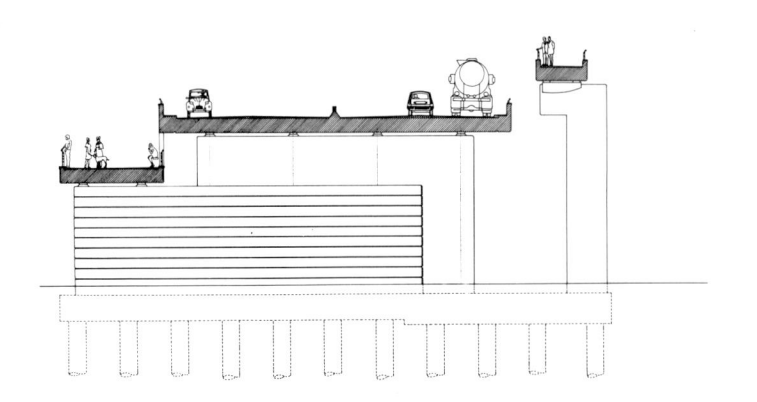

Sección transversal.
Transverse section.

Encuentro del puente con el margen derecho del río.
Las tres plataformas escalonadas coinciden en el estribo con el paso inferior que da continuidad a las aceras laterales del cauce.
Meeting of the bridge with the right bank of the river.
The three stepped platforms coincide on the pier with the underpass that continues the walkways on either side of the riverbed.

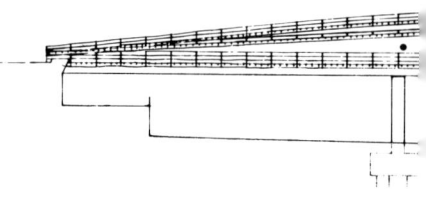

La estructura portante.
La estructura de la acera lado montaña se independiza de la de los otros dos tableros para acentuar su singularidad.
The load-bearing structure.
The structure of the walkway on the landward side of the bridge is differentiated from that of the other two decks in order to emphasize its singularity.

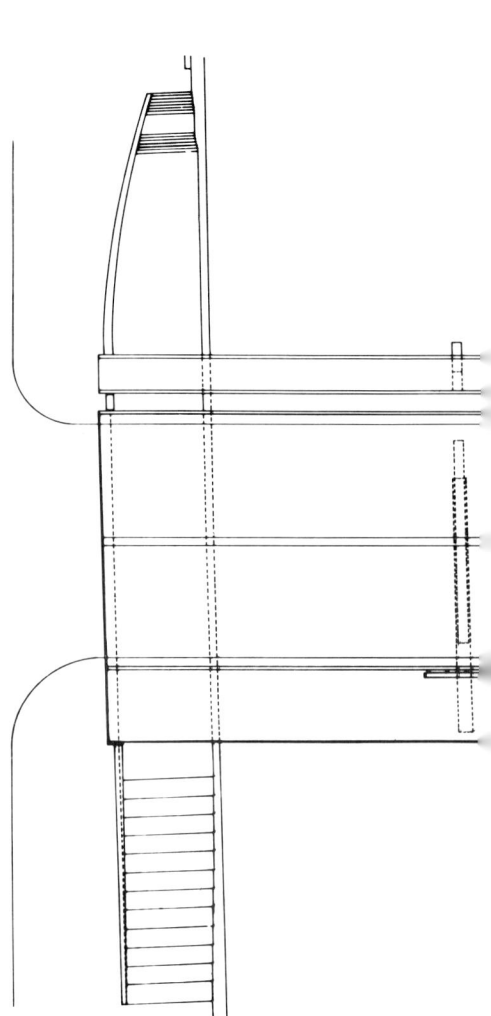

Alzado.
Elevation.

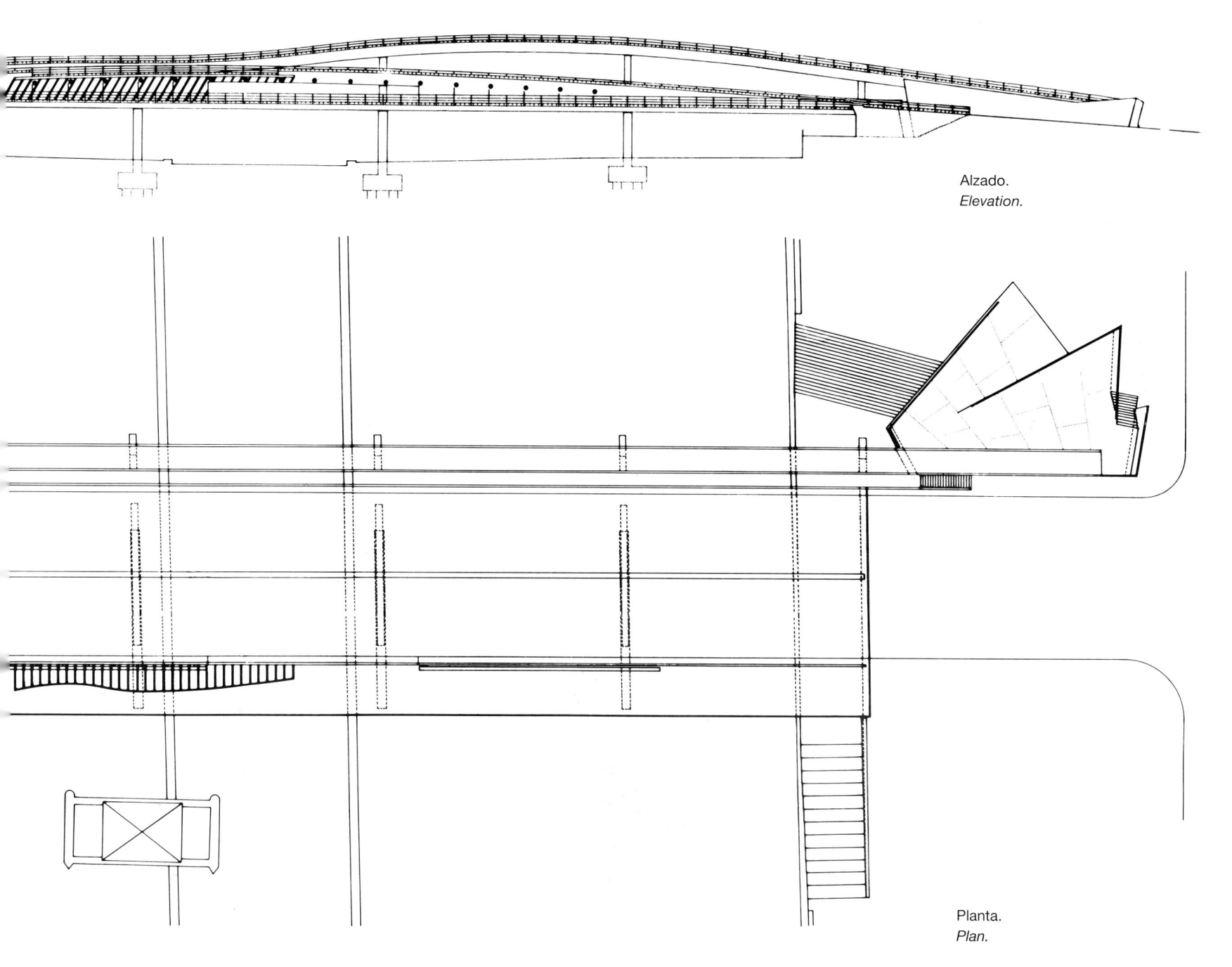

Planta.
Plan.

La acera lado montaña y la calzada de vehículos.
El vacío entre ambos tableros acentúa su diferente calidad como espacios urbanos.
The walkway on the landward side and the vehicle deck.
The separation between the two decks accentuates their different characters as urban spaces.

El descenso hacia el paso inferior.
Las aceras laterales del cauce se deprimen al llegar al puente permitiendo cruzarlo inferiormente.
The descent to the underpass.
The lateral walkways along the side of the riverbed drop down to pass beneath the bridge.

Encuentro del puente con uno de los paseos laterales del río.
La acera lado montaña finaliza su recorrido en un podio de hormigón que preside y enfatiza uno de los laterales del cauce.

Meeting of the bridge with one of the lateral walkways along the river.
The deck on the landward side of the bridge terminates in a concrete podium that overlooks and emphasizes one of the lateral walkways along the riverbed.

Pasarela Solferino sobre el río Sena París, Francia. 1994
Marc Mimram arquitecto e ingeniero

Solferino footbridge over the river Seine *Paris, France. 1994*
Marc Mimram architect and engineer

El lugar donde va a construirse la pasarela Solferino, sobre el Sena, en París, entre el Quai de France y el Quai des Tuilleries es, sin duda, uno de los emplazamientos más comprometidos de entre los que aquí presentamos.

En los puentes a lo largo del Sena, encontramos respuestas distintas, pero a la vez coherentes, a los problemas que la difícil implantación urbana les plantea. Así ocurre especialmente con los motivados por la relación entre los diferentes niveles del muelle: el nivel alto, a la cota de la ciudad y conectado a las calles principales, y el nivel bajo, prácticamente en la rasante del río, inundable y por tanto útil tan sólo como paseo peatonal, aunque con gran calidad como espacio público.

La pasarela que Mimram propone sobre el Sena se integra decididamente en este contexto ofreciendo total continuidad urbana, fluidez de paso entre los márgenes y, a la vez, una clara coherencia técnica respecto a los puentes que la precedieron.

El proyecto se plantea desde la asimilación de la forma de la estructura a la forma del esquema funcional de pasos entre los distintos niveles de los márgenes. Este esquema dibuja en sección longitudinal dos arcos de distinto radio y centro común. El arco de radio más tendido une los márgenes superiores y el más cerrado los inferiores. Al hacerlos coincidir sobre la vertical del centro, el proyecto, a la vez que consigue organizar perfectamente el sistema de circulación, determina el sistema estructural que permite construirlo.

La estructura principal, en acero, se compone de dos arcos paralelos, cada uno de los cuales está a su vez compuesto por dos arcos de radio distinto, unidos en la clave y rigidizados por un sistema de pares triangulares que varían en sección según se separan del apoyo.

Las superficies de paso se construyen en madera. La procedente de los muelles bajos se introduce en el tablero superior por su centro, atravesando la estructura portante, permitiendo así descubrir su riqueza formal y geométrica.

Al tablero superior, de planta fusiforme, se le dota en su centro de anchura suficiente para permitir la aparición del paso inferior y al mismo tiempo adoptar el carácter de una terraza o un mirador abierto sobre el río.

The location for the construction of the Solferino footbridge over the Seine in Paris, between the Quai de France and the Quai des Tuilleries, is undoubtedly one of the most demanding sites of all those presented in this book.

The various bridges across the Seine manifest different, but at the same time coherent, responses to the problems posed by the problematic urban siting. This is particularly apparent in the way that the different levels of the quays are related: the upper quay at city level is connected to the principal streets, and the lower quay, almost level with the river, is liable to flooding and therefore used only as a pedestrian walkway, although of great quality as a public space.

The footbridge which Mimram has designed for the Seine is fully integrated into this context, offering a total urban continuity, a fluidity of movement at its extremes and at the same time a clear technical coherence with respect to the bridges which preceded it.

The project is based on the idea of assimilating the form of the structure to the functional layout of the routes between the different levels of the river bank. This scheme forms two arcs of different radius and common centre in longitudinal section. The arc of greater radius links one of the upper quays and that of lesser radius, the lower edges. On making these arcs coincide with the central axis, the project, having perfectly resolved the circulation system, determines the structural system which permits its construction.

The main structure, in steel, is composed of two parallel arcs, each of which is composed in its turn of two arcs of different radius, united at the axis and strengthened by a system of triangular trusses whose sections vary in relation to the distance from the supports.

The upper decks are constructed in timber. The decks at quay level are introduced into the upper platform at its centre, in this way crossing the load-bearing structure and thus exploiting its formal and geometrical richness.

On the upper deck, with its cigar-shaped plan, the width is extended in the centre to include the nexus of the lower pass, at the same time adopting the character of a terrace or open-air lookout point over the river.

Encuentro entre el paso inferior y el tablero principal.
El tratamiento en madera de las superficies de paso, realza la calidad de la pasarela como espacio urbano.

Meeting of the underpass and the main deck.
The use of wood for the flooring of the walking surfaces reinforces the quality of the footbridge as an urban space.

Vista general.
El trazado de la sección longitudinal enfatiza la acción de cruzar el río.

General view.
The line of the longitudinal section emphasizes the action of crossing the river.

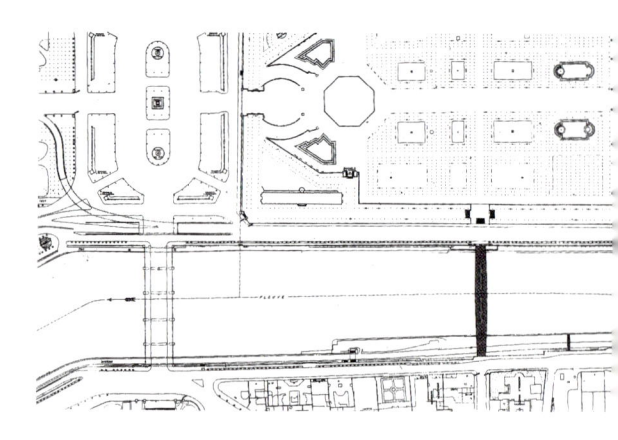

Emplazamiento.
Site plan.

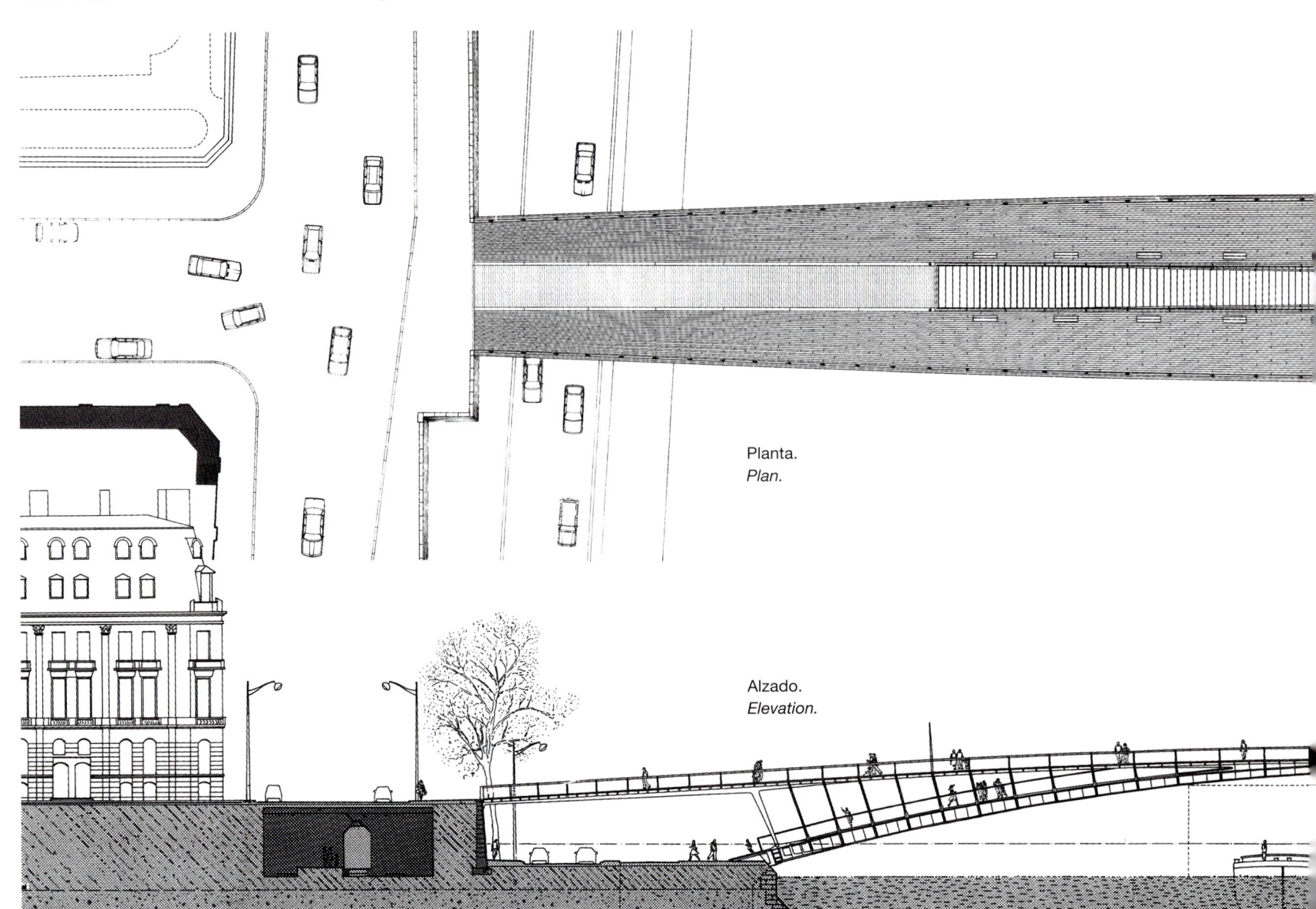

Planta.
Plan.

Alzado.
Elevation.

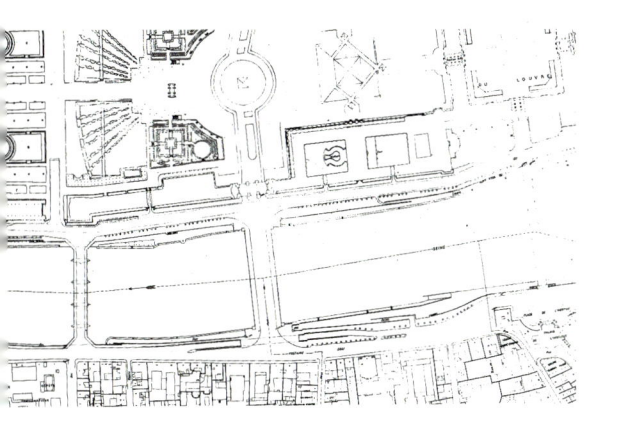

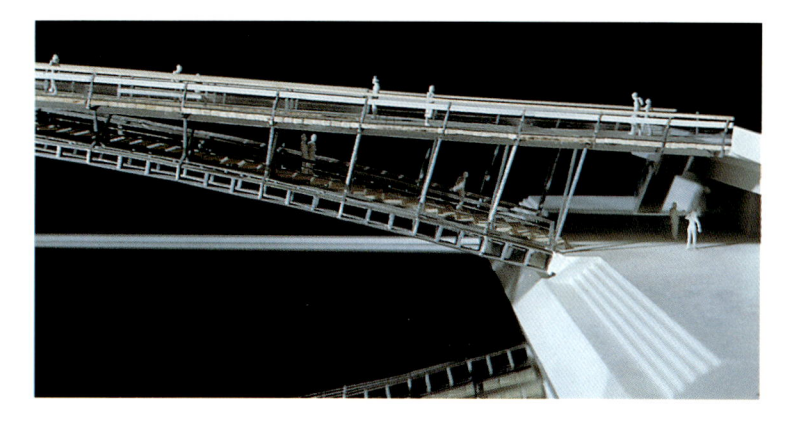

Encuentro con el muelle.
La estructura portante se formaliza siguiendo el esquema de pasos de la pasarela, abriéndose en los extremos para aumentar su canto y a la vez recogiendo e incorporando los dos niveles del muelle.

Meeting with the quay.
The load-bearing structure of the footbridge is composed on the basis of the system of pedestrian transit, opening out at either end to facilitate circulation while engaging and incorporating the two levels of the quay.

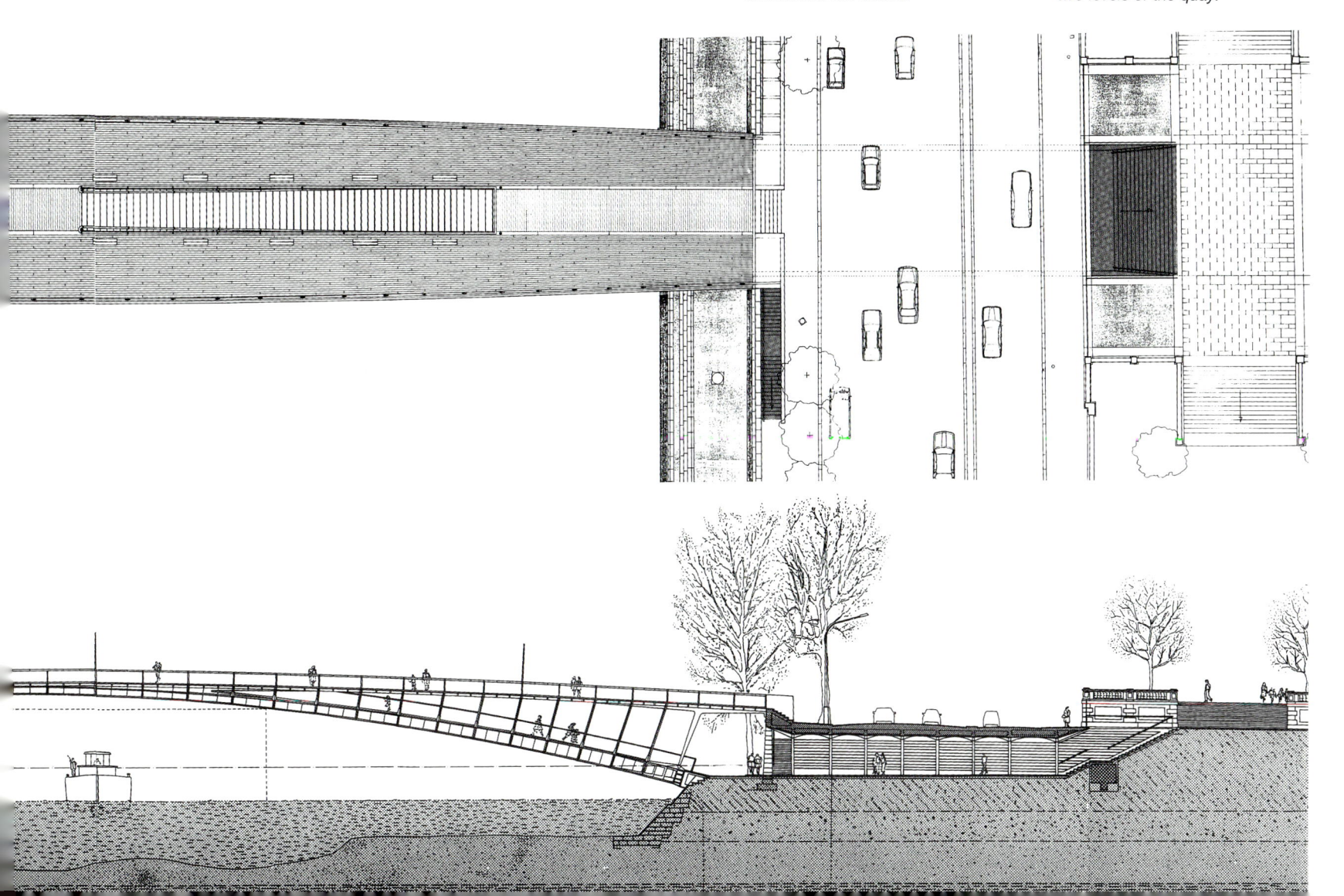

La pasarela y la ciudad.
La pasarela recoge y conecta los dos niveles de los muelles laterales.

The footbridge and the city.
The footbridge engages and connects the two levels of the quays on either bank.

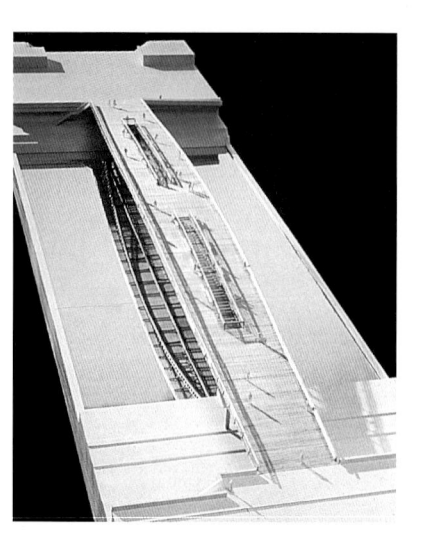

La pasarela y el río.
La planta, en forma de huso, sugiere el carácter de balcón sobre el río.

The footbridge and the river.
The plan, in the form of a spindle, suggests the character of a balcony overlooking the river.

Arranque del paso inferior.
El sistema de dobles tornapuntas que sostiene el tablero superior y la liga al inferior, conforma una viga aligerada de sección variable.

Structure of the lower deck of the bridge.
The system of double strut tenons that supports the upper deck and connects it with the lower deck constitutes a lightweight girder with a variable section.

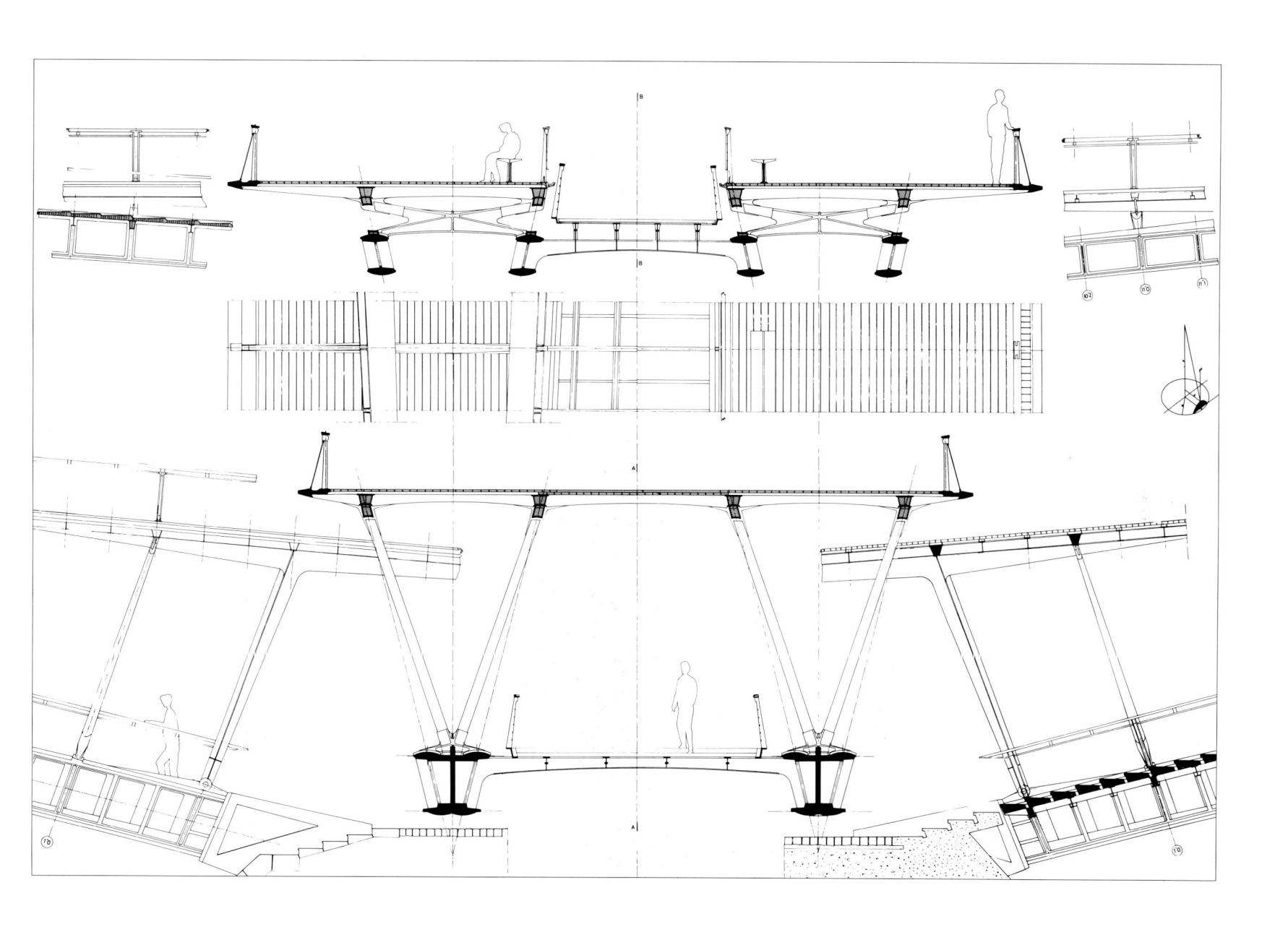

Detalles de la estructura.
Details of the structure.

Pasarela en Vic Barcelona, España. 1992

Ton Salvadó, Sebastià Jornet, Carles Llop y Joan Enric Pastor arquitectos

Colaboradores: G. Jubete, D. Paley, arquitectos. L. Masramon, aparejador. Brufau-Obiol-Moya, M. Cabestany, estructuras

Footbridge in Vic *Barcelona, Spain. 1992*

Ton Salvadó, Sebastià Jornet, Carles Llop and Joan Enric Pastor architects

In conjunction with: G. Jubete, D. Paley, architects. L. Masramon, clerk of works. Brufau-Obiol-Moya, M. Cabestany, engineers

La pasarela que presentamos se ubica sobre la línea férrea Barcelona-Puigcerdà a su paso por la ciudad de Vic y tiene como objetivo unir el centro de la ciudad con un sector de actividades terciarias de reciente desarrollo.

Con este proyecto no sólo se pretende resolver el paso entre ambos lados, sino también incorporar visiones diferentes sobre el entorno más inmediato, concibiendo el recorrido como un paseo en suave pendiente, hasta salvar el gálibo de 7,5 m sobre la vía del tren.

La pasarela consta de tres elementos diferenciados: dos muelles construidos en hormigón a ambos lados de la vía férrea y una viga metálica en celosía de 66 m de longitud y de 2,60 m de anchura, que cruza la línea y une ambos muelles.

Uno de los muelles se diseña en zig-zag, con un primer tramo apoyado en el suelo, y el otro en forma de viga-puente. La viga se sitúa perpendicularmente a la vía del tren. El último tramo, se proyecta con la misma dirección que el tramo metálico, alineados ambos a una chimenea existente y que domina visualmente todo el sector.

The footbridge presented here crosses the railway line from Barcelona to Puigcerdà as it passes through Vic and serves to link the city centre with a sector of recently developed service activities.

This project attempts not only to resolve the link between the two sides, but also to incorporate different readings of the immediate surroundings, proposing the bridge as a route with a gentle gradient, clearing the 7.5m headroom over the railway tracks.

The footbridge consists of three distinct elements: two concrete platforms, one at either side of the railway line, and a trussed metal beam 66 m long and 2.60 m in depth, which crosses the tracks and links the two platforms. One of the platforms is designed in a zig-zag form, the first stretch resting on the ground, the other in the form of a cantilevered beam. This beam is situated perpendicular to the railway line. The final section is laid out in the same direction as the metal grid, both orientated towards an existing chimney which visually dominates the whole area.

El puente en su entorno.
The bridge in its setting.

Planta y alzados.
Plan and elevations.

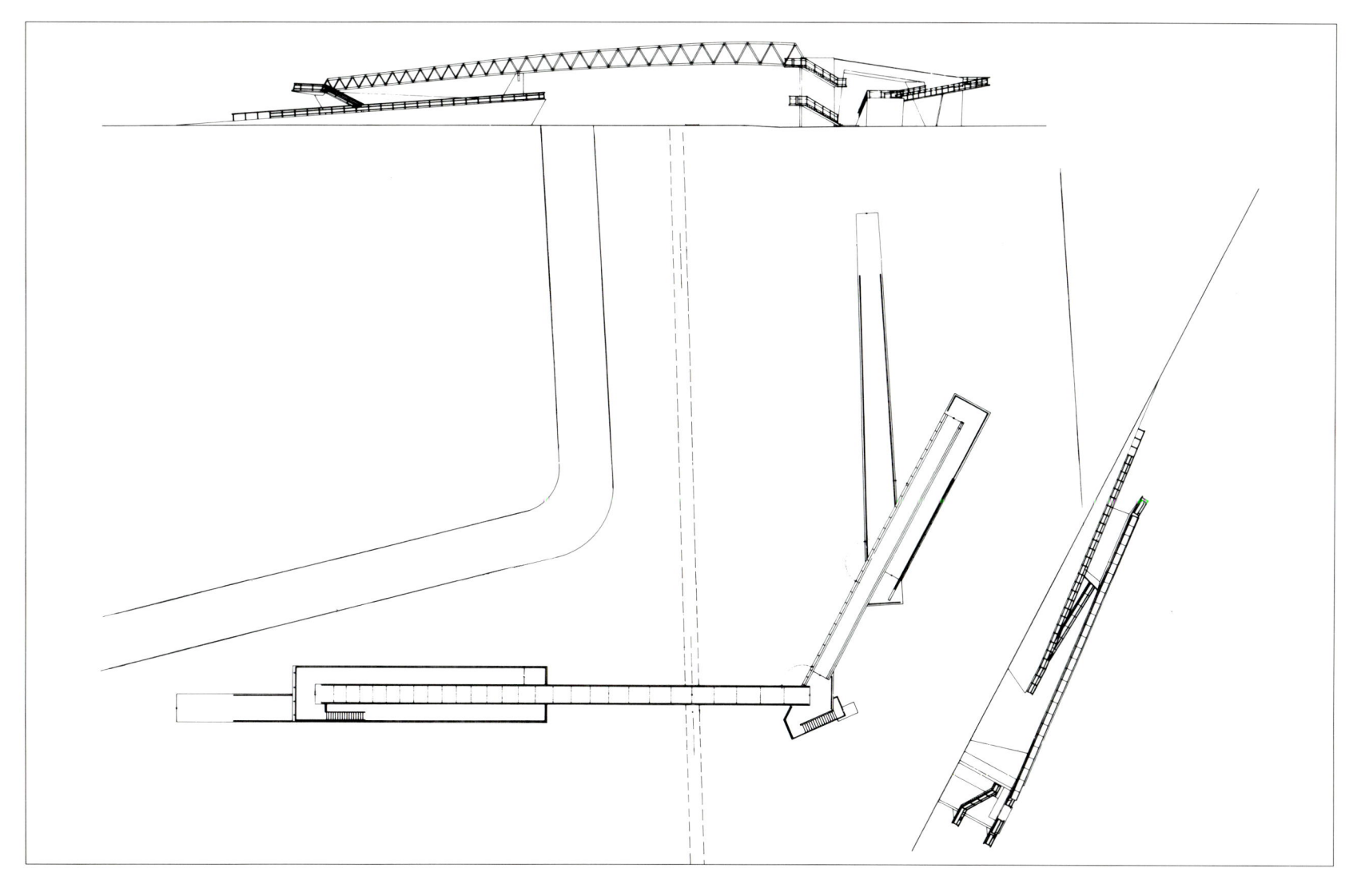

51

Vistas de la maqueta.
Views of the model.

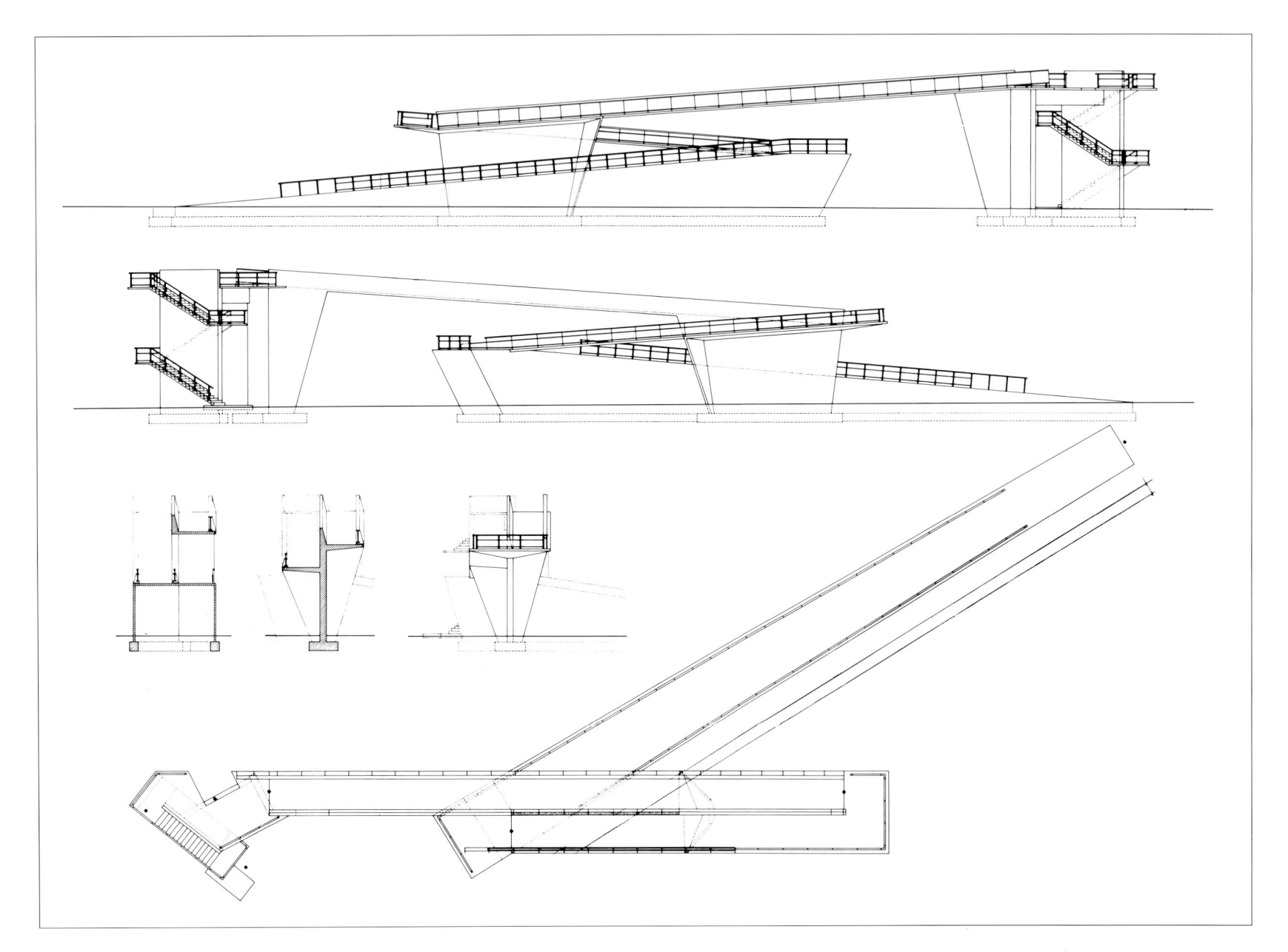

Planta, alzados y secciones de la parte construida en hormigón.

Plan, elevations and sections of the concrete structure.

52

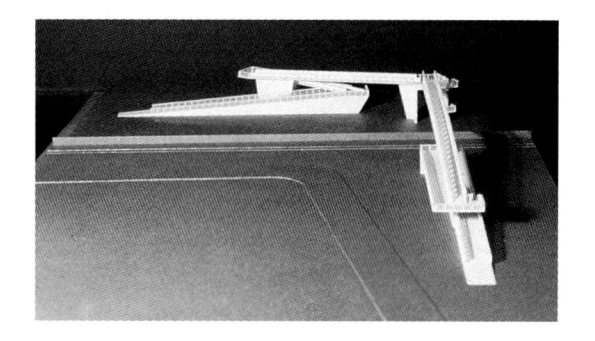

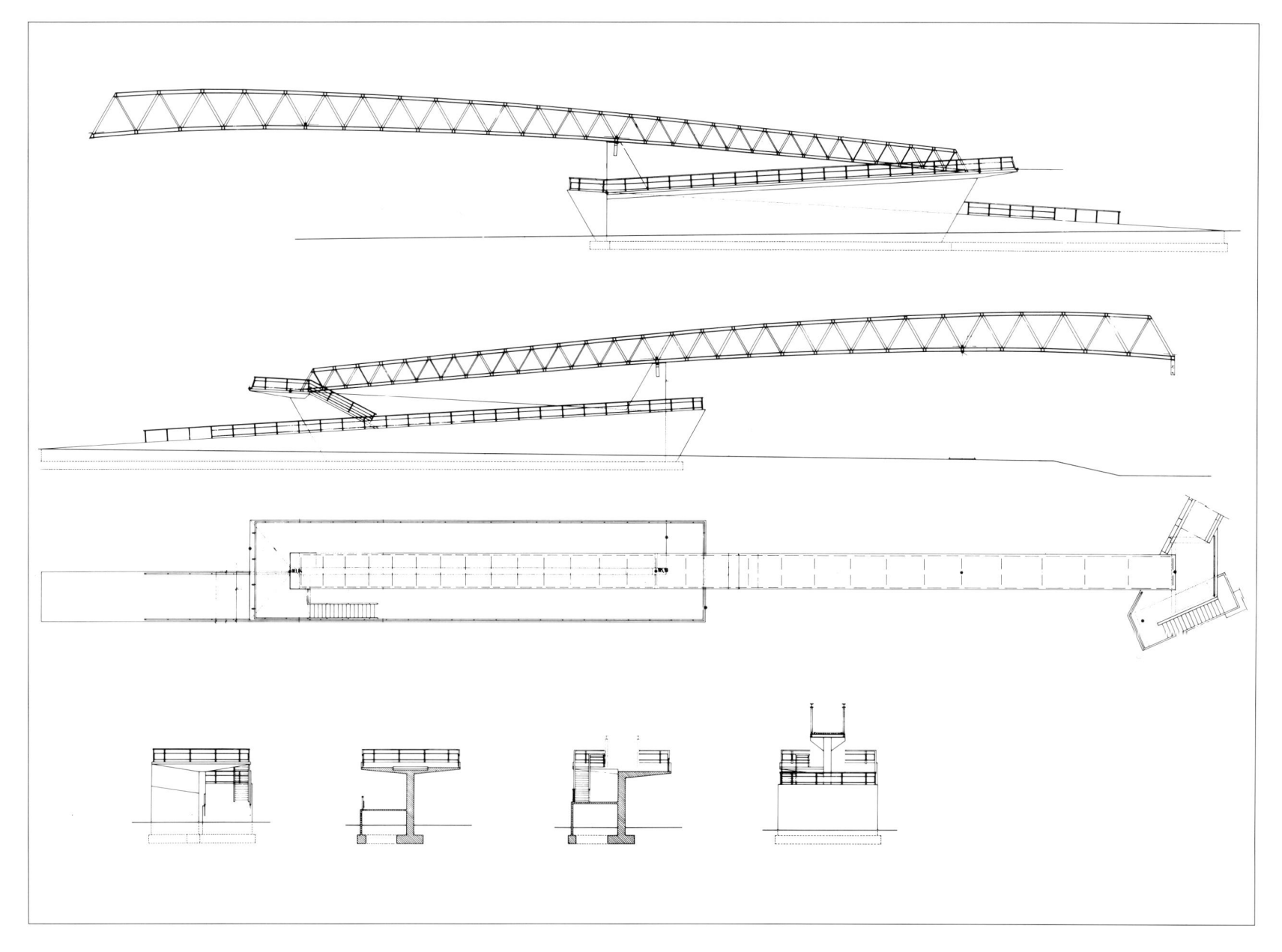

Planta, alzados y secciones de la viga en celosía metálica y su estribo.

Plan, elevations and sections of the metal lattice girder and its pier.

53

El apoyo de la viga en celosía metálica.
The structural support of the metal lattice girder.

La estructura portante.
The load-bearing structure.

El arranque de la viga cajón.
The structural support of the box girder.

La viga en celosía.
The metal lattice girder.

Pasarela sobre la Ronda de Dalt Barcelona, España. 1990
Jordi Farrando arquitecto

Footbridge over the Ronda de Dalt Barcelona, Spain. 1990
Jordi Farrando architect

La pasarela que Jordi Farrando propone sobre la Ronda de Dalt de Barcelona, plantea en su diseño una discusión sobre el carácter geográfico del lugar donde se asienta.

La Ronda de Dalt, auténtica autopista urbana que, a modo de periférico, rodea la ciudad de Barcelona, cruza por su lado norte las estribaciones de la sierra de Collserola, en su encuentro con la ciudad.

En su desarrollo en superficie la vía opta, en algunos tramos, por una situación a media ladera poniendo de manifiesto el pronunciado desnivel entre ambos lados.

En uno de estos tramos está ubicada la pasarela que presentamos. Su objeto es relacionar las vías laterales de la Ronda, entre las cuales hay un salto de cota de 9 m.

Esta circunstancia impide, sin duda, la construcción de un paso franco entre ambos márgenes, capaz de preservar los gálibos de la Ronda.

En la solución finalmente adoptada, el tablero se tiende horizontalmente desde la rasante del margen superior, por el lado de la montaña, quedando suspendido a gran altura en el margen contrario, por el lado que mira hacia la ciudad y el mar.

La pasarela se convierte, así, en un espléndido mirador sobre el lugar por el simple hecho de reconocer y determinar con precisión la cota sobre la que debe construirse.

Finalmente, los sistemas para comunicar el tablero con los márgenes se diseñan de forma específica. Por el lado de la montaña mediante la adecuación de la topografía, mientras que por el lado del mar se hace de forma más artificiosa, construyéndose una rampa y un elevador mecánico que, como piezas autónomas, se adosan al tablero.

The design of Jordi Farrando's footbridge over the Ronda de Dalt ring road stimulates reflection on the geographical character of the site on which it stands.

The Ronda de Dalt urban expressway skirts the periphery of Barcelona, on its north side crossing the lower slopes of the Collserola hills where they merge with the city.

At several points along its course the traffic route opts for an open section, revealing the considerable difference in level between the two sides.

The footbridge is situated in one of these sections, with the function of linking the lateral lanes of the Ronda, between which there is a difference in level of 9m.

This circumstance prohibited the construction of a simple crossing between the two sides, in view of the required headroom over the Ronda.

In the solution ultimately adopted, the deck projects out horizontally from the higher level, on the mountain side, and thus remains suspended at a great height over the opposite side, which overlooks the city and the sea.

In this way, the bridge is transformed into a splendid vantage point overlooking the area by the simple expedient of recognizing and precisely determining the level at which it should be constructed.

Finally, the mechanisms for linking the deck with the edges are designed in a specific manner. This is achieved on the mountain side by intervening in the topography, while the more elaborate treatment adopted on the seaward side comprises a ramp and an elevator which are abutted onto the deck as clearly autonomous elements.

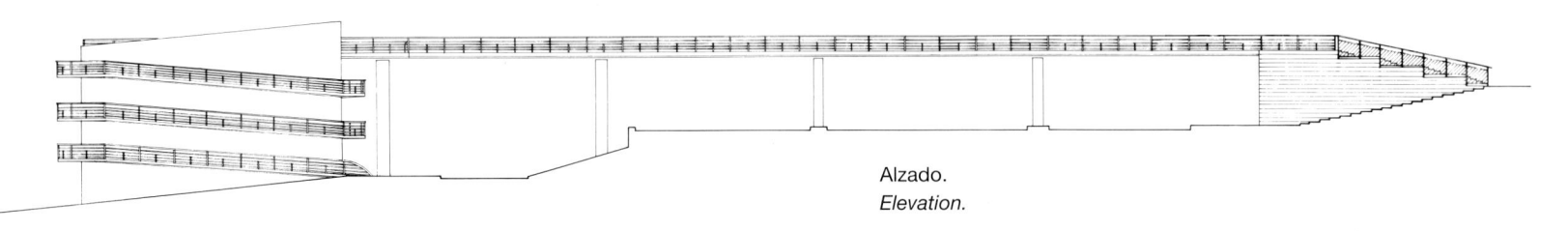

Alzado.
Elevation.

El extremo de la pasarela.
La pasarela, al mantener su horizontalidad, queda elevada respecto a la acera por el lado mar, convirtiéndose en un mirador sobre la ciudad. La conexión con la calle se realiza mediante una rampa y un ascensor.
The seaward end of the footbridge.
The footbridge maintains its horizontal line, with the result that its seaward end is higher than the level of the pavement, constituting a belvedere overlooking the city. A ramp and a lift provide the connection with street level.

El mirador y la rampa.
La rampa gira sobre sí misma hasta obtener el desarrollo suficiente para llegar a la cota de la calle.
The belvedere and the ramp.
The ramp curves to resolve the difference in level with a gentle gradient.

Conexión con la acera lado mar.
La rampa y el ascensor construyen el estribo y relacionan a la pasarela con la acera inferior.

Connection with the pavement on the seaward side.
The ramp and the lift shaft form the pier and connect the footbridge with the lower pavement.

El mirador.
La pasarela convertida en mirador hacia la ciudad.

The belvedere.
The footbridge as belvedere overlooking the city.

El arranque de la rampa.
La rampa se sitúa oblicuamente respecto a la pasarela para acentuar su autonomía.

The beginning of the ramp.
The ramp is situated obliquely in relation to the footbridge in order to accentuate its autonomy.

Vista general.
Por el lado montaña, la pasarela utiliza recursos topográficos para conectar con la acera.

General view.
On the landward side, the footbridge exploits the rise in the topography to connect with the pavement.

Pasarela sobre la Ronda de Dalt Barcelona, España. 1992

Josep Llorens y Alfons Soldevila arquitectos

Colaboradores: Bernardo de Sola, Ignacio Lizundia, Maria del Mar Solà y Roberto Vázques, arquitectos

Footbridge over the Ronda de Dalt Barcelona, Spain. 1992

Josep Llorens and Alfons Soldevila architects

In conjunction with: Bernardo de Sola, Ignacio Lizundia, Maria del Mar Solà and Roberto Vázques, architects

Esta pasarela de Josep Llorens y Alfons Soldevila pertenece al conjunto de obras que la ciudad de Barcelona llevó a cabo con motivo de los Juegos Olímpicos de 1992.

Se trata en este caso de la adecuación de un puente ya existente en la intersección de la Meridiana, la autopista de conexión de la ciudad con el norte y la Ronda de Dalt, anillo viario que la circunda.

La intervención tiene como objetivo principal adecuar uno de los laterales del puente para permitir el paso de peatones, garantizando una cierta seguridad y calidad de travesía.

La propuesta de Llorens y Soldevila reconoce en la forma de la sección del nuevo paso, la asimetría de la implantación. Su diseño, descomponiendo la anchura del tablero en dos aceras escalonadas, permite relacionar visualmente los dos niveles de tráfico existentes, el superior, de la Meridiana, con el inferior, de la Ronda.

Las rampas y escaleras que los conectan confieren al conjunto un recorrido interior que aumenta su valor como espacio público en sí mismo.

Los materiales utilizados —pequeños perfiles metálicos y tablas de madera— así como la vibración visual de barandillas, paramentos y suelos y su complejo juego de sombras, hacen referencia a la domesticidad de la intervención respecto al peatón.

A su vez, la pérgola construida sobre el tramo central de los dos niveles de paso, remarca la presencia de la construcción en su entorno, confiriendo al puente una escala vertical acorde con el contexto.

This footbridge by Josep Llorens and Alfons Soldevila forms part of a group of projects which the city of Barcelona undertook for the 1992 Olympic Games.

In this case, the project was asked to renovate an existing bridge at the intersection of the Meridiana, the dual carriageway connecting Barcelona to the north, and the Ronda de Dalt, the ring road which skirts the city.

The main object of the intervention was the upgrading of one of the sides of the bridge to allow pedestrian passage, guaranteeing a degree of security and quality of crossing.

Llorens and Soldevila's proposal recognizes the asymmetry of the siting in the design of the section of the new route. Their scheme, dividing up the total width of the deck into two stepped pavements, establishes a visual relationship between the two existing levels of traffic, the Meridiana above and the Ronda below.

The ramps and stairways which connect these levels give the complex an interior route which increases its quality as a public space in its own right.

The materials utilized —small metal sections and timber boarding— combine with the visual vibration of the railings, walls and floors and the complex play of shadows to establish the domestic quality of the project from the pedestrian's point of view.

At the same time, the pergola, constructed over the central section of the two levels, highlights the presence of the construction in its surroundings, giving the bridge a vertical scale in keeping with its context.

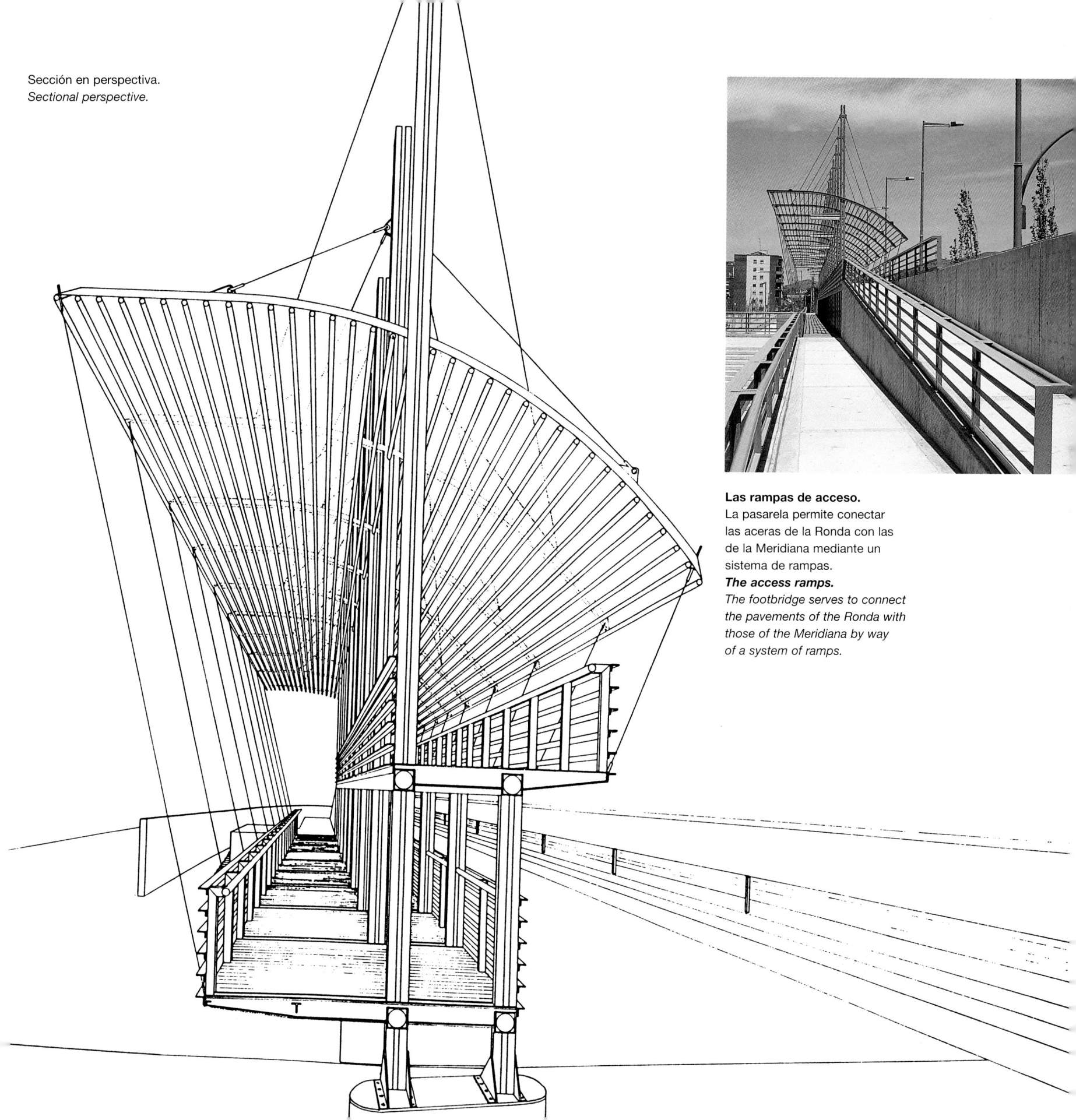

Sección en perspectiva.
Sectional perspective.

Las rampas de acceso.
La pasarela permite conectar las aceras de la Ronda con las de la Meridiana mediante un sistema de rampas.
The access ramps.
The footbridge serves to connect the pavements of the Ronda with those of the Meridiana by way of a system of ramps.

La pasarela en su entorno.
The footbridge in its setting.

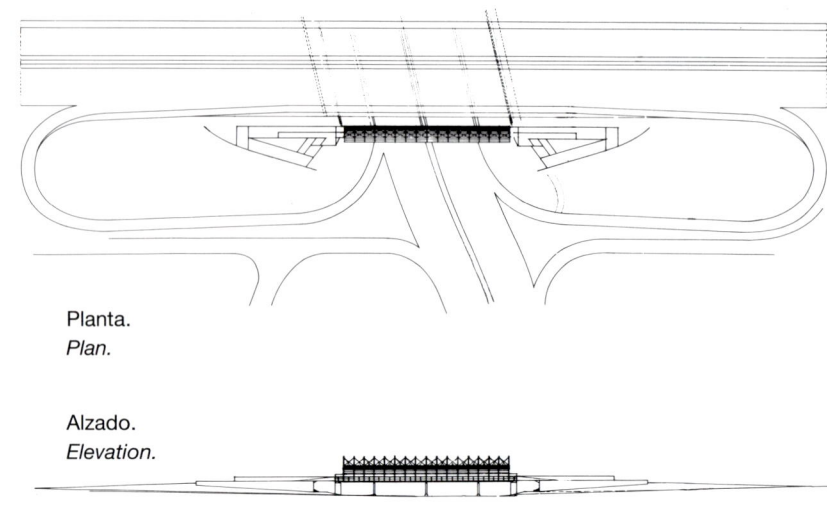

Planta.
Plan.

Alzado.
Elevation.

La pasarela vista desde la Meridiana.
La pérgola metálica confiere a la pasarela una escala adecuada a su entorno.

The footbridge seen from the Meridiana.
The metal pergola gives the footbridge a scale in keeping with its surroundings.

La pasarela vista desde la Meridiana.
La curvatura de la pérgola destaca las diferentes escalas de la Ronda y de la Meridiana.

The footbridge seen from the Meridiana.
The curve of the pergola emphasizes the different scales of the Ronda and the Meridiana.

La pasarela como espacio público.
Rampas y escaleras de comunicación estructuran un nuevo espacio urbano entre las dos calles.

The footbridge as public space.
Ramps and stairs structure a new urban space of communication between the two streets.

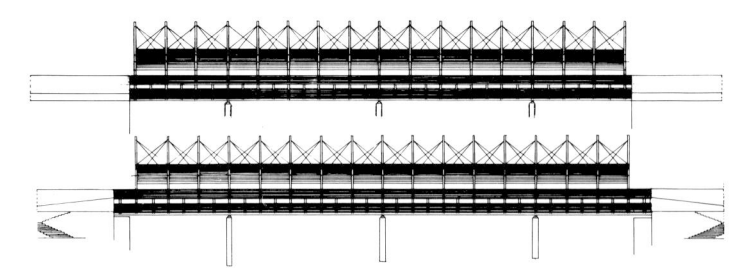

Secciones longitudinales.
Longitudinal sections.

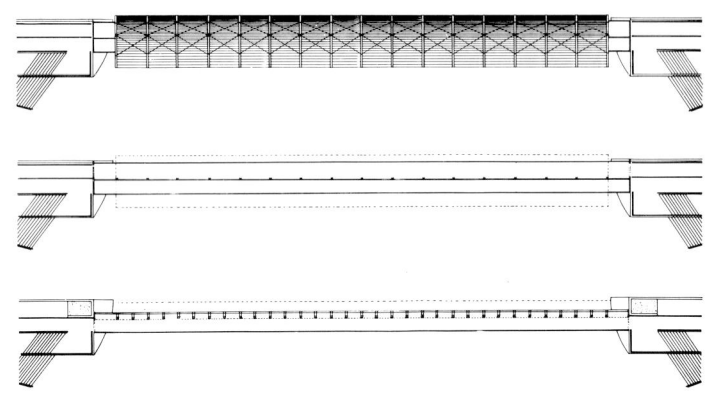

Plantas.
Plans.

Vista desde el paso inferior.
El escalonamiento de pasos enriquece la percepción espacial de la pasarela.

View from the underpass.
The stepping of the different levels enriches the spatial perception of the footbridge.

Vista desde un lateral.
La pasarela da continuidad a los pasos laterales.

View from a side street.
The footbridge links two side streets.

La pasarela vista desde la Ronda.
The footbridge seen from the Ronda.

La estructura portante.
Los soportes acentúan la escala
del conjunto.

The load-bearing structure.
The piers accentuate the scale
of the whole.

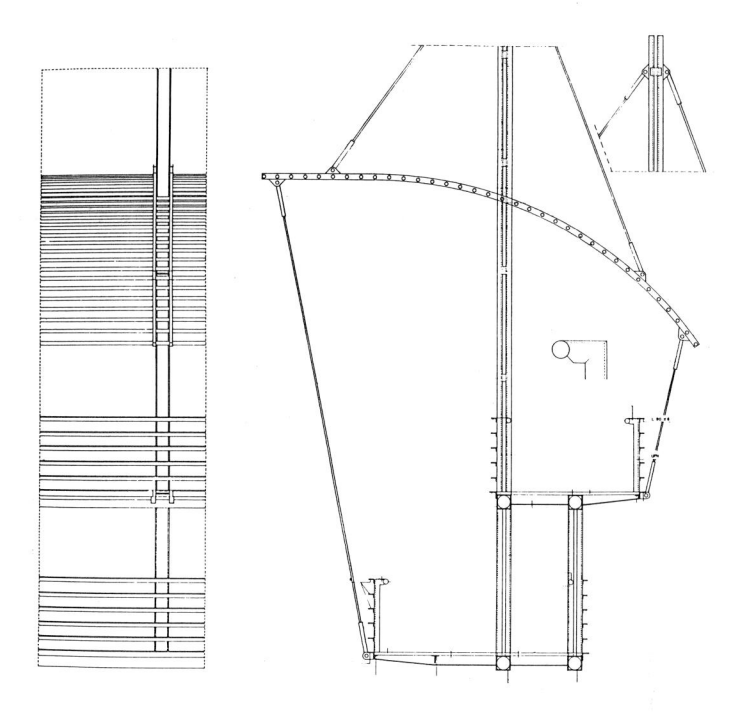

Detalles de la sección y el alzado.
Details of the section and elevation.

Los dos pasos vistos desde
la Meridiana.
The two underpasses seen
from the Meridiana.

El paso inferior.
The underpass.

Puente en Petrer Petrer, Alicante, España. 1992
   Carme Pinós arquitecta

Bridge in Petrer *Petrer, Alicante, Spain. 1992*
   Carme Pinós architect

Petrer es un pequeño pueblo de la provincia de Alicante, en el levante español, enclavado sobre las dos vertientes de un barranco en el que aún persisten los restos de un antiguo puente en ruinas.

Sobre este barranco plantea Carme Pinós la construcción de un nuevo puente en sustitución del anterior, con la idea de ofrecer un lugar en el que el pueblo, dividido y disperso, se pueda identificar.

Así, el puente no sólo forma parte del espacio público, sino que lo es en sí mismo, significándose como plaza, y construyéndose mediante los valores genéricos que son capaces de definirla como tal.

Su tamaño y su forma refrendan la multidireccionalidad a través de un trazado en aspa, reconocible en la planta y en la disposición de la estructura.

En su superficie, desniveles, muros, mobiliario y vegetación siguen la geometría general.

El suelo se eleva construyendo una fachada a la plaza capaz de relacionarla con las ruinas del antiguo puente.

La estructura se independiza visualmente de la plataforma para no interrumpir la lectura del espacio público al que sirve de soporte.

Petrer is a small town in the province of Alicante, on the east coast of Spain, set between the two slopes of a ravine in which the ruins of an ancient bridge still stand.

Carme Pinós proposed the construction of a new bridge over this ravine to replace the existing structure, with the idea of offering a focal point giving the divided and disperse town a sense of identity.

Thus, the bridge not only forms part of the public space, but is also a public space in its own right, identifying itself as a square, and constructed on the basis of generic values that would define it as such.

The size and shape of the bridge endorse its multidirectionality by means of a cross-shaped layout, apparent in the plan and in the disposition of the structure.

On the surface, the changes in level, walls, street furniture and vegetation follow the overall geometry.

The ground is raised, constructing a facade for the square capable of relating it to the ruins of the old bridge.

The structure is visually independent of the deck, in order not to interrupt the reading of the public space it supports.

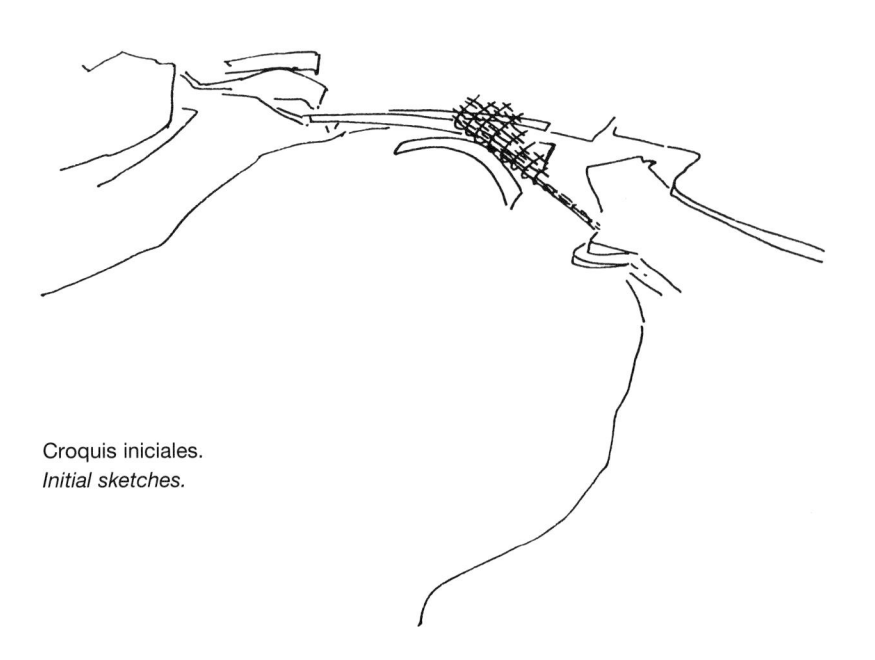

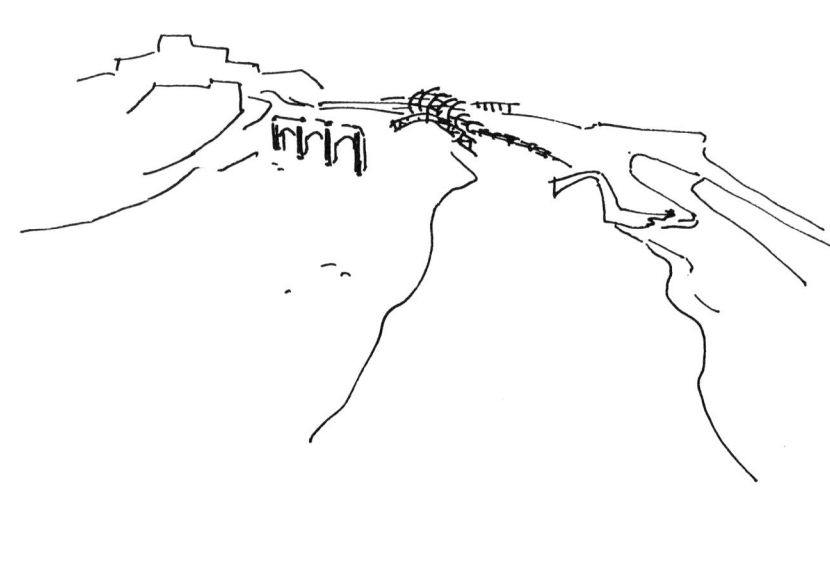

Croquis iniciales.
Initial sketches.

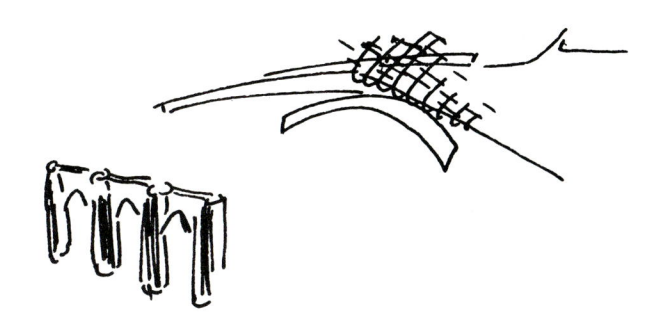

El puente en su entorno.
El puente se extiende sobre el barranco siguiendo dos direcciones cruzadas y conformando un nuevo espacio público capaz de relacionar las dos partes del pueblo.

The bridge in its setting.
The bridge extends over the ravine at the junction of two roads to configure a new public space capable of relating the two parts of the town.

El lugar en la actualidad.
En el barranco todavía se pueden ver las ruinas del antiguo puente.

The site in its present condition.
The remains of the old bridge are still visible on the edge of the ravine.

Emplazamiento.
Petrer tiene su núcleo urbano dividido en dos por un barranco.
Situation.
The town centre of Petrer is cut in two by the river.

Esquema estructural.
Structural diagram.

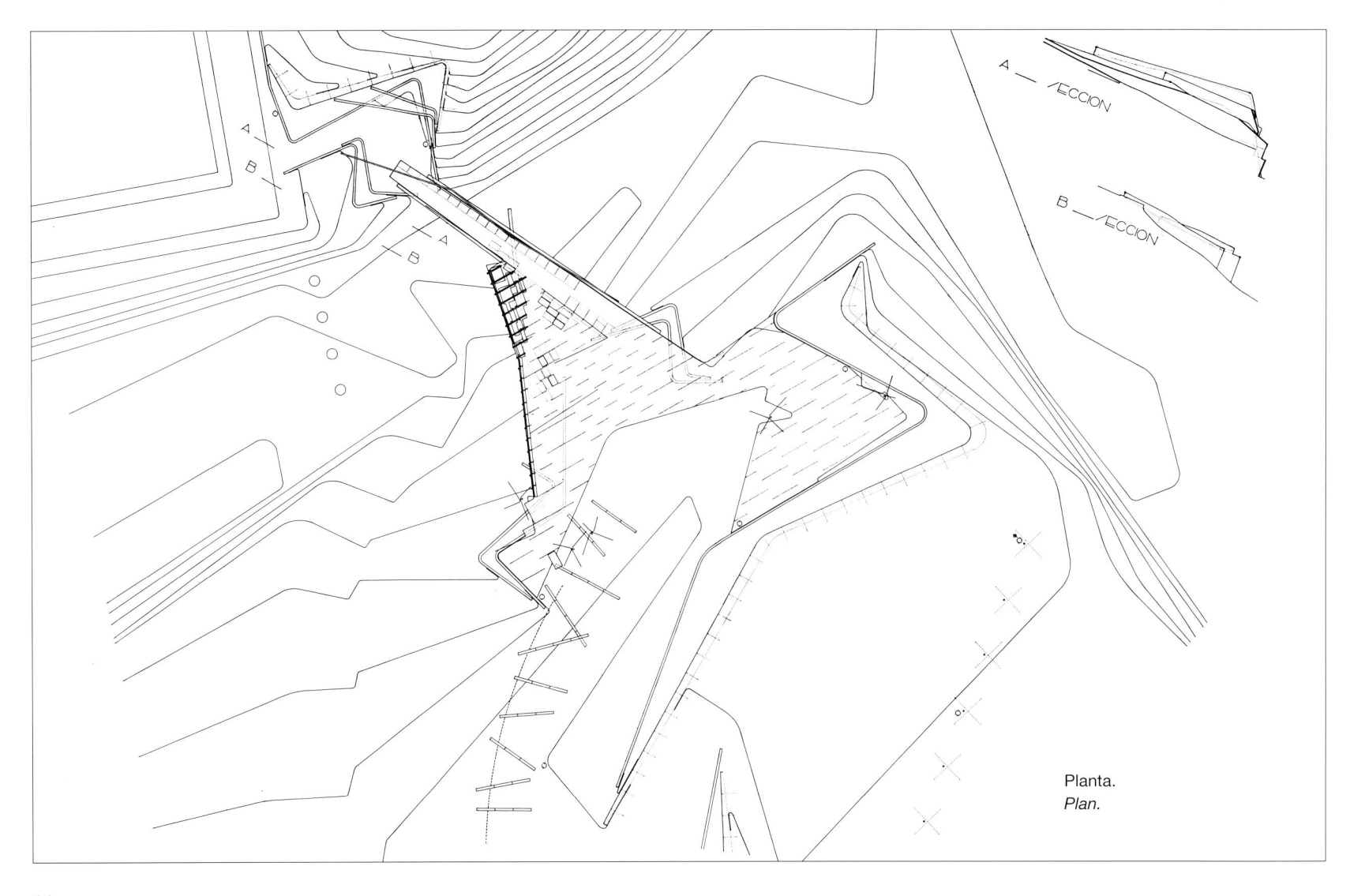

Planta.
Plan.

69

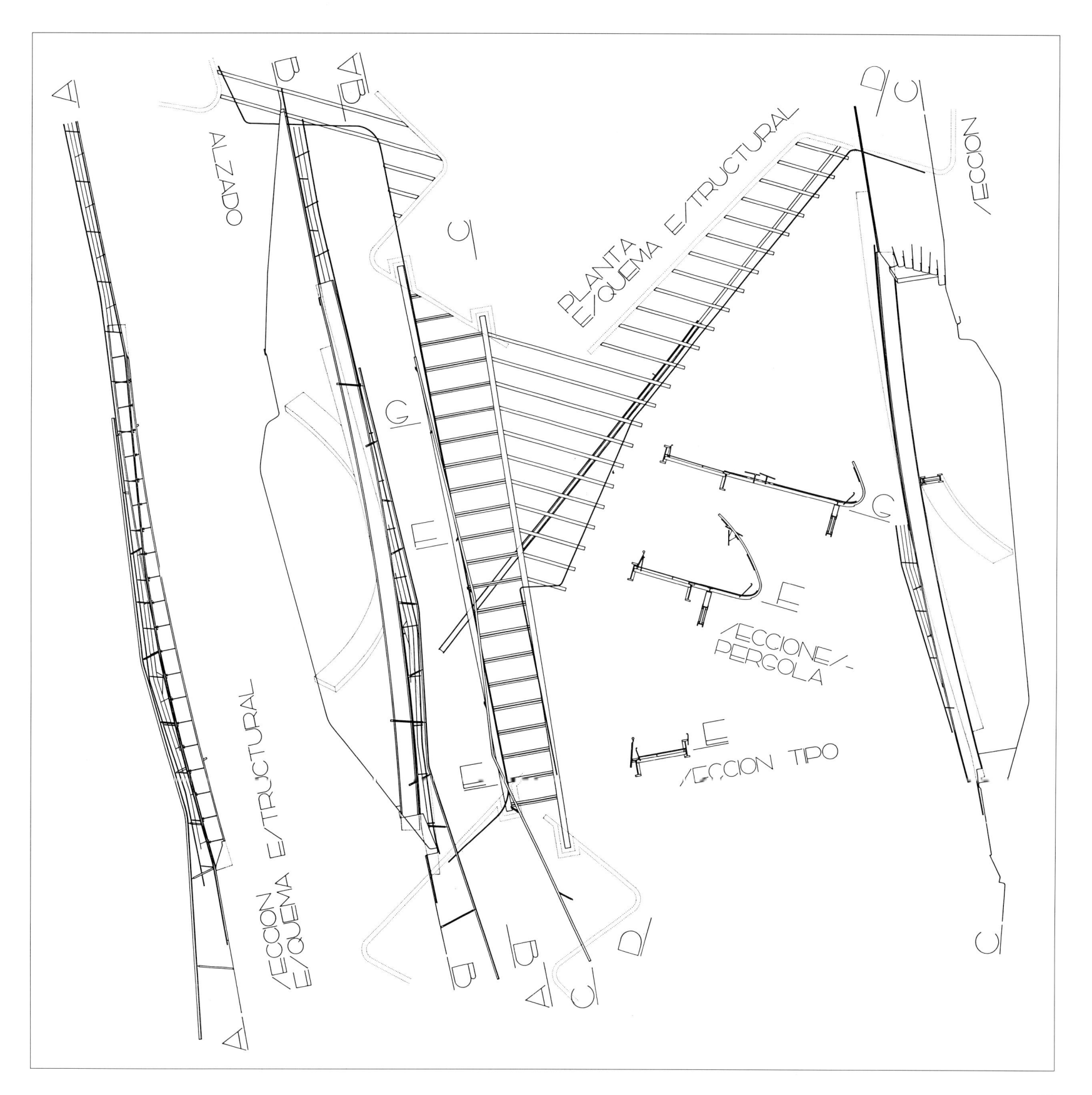

Una plaza sobre el barranco.
Estructura y tablero siguen directrices distintas. El pavimento del puente se levanta y gira sobre sí mismo conformando una fachada hacia las ruinas del antiguo puente.

A square on the edge of the ravine.
Structure and deck follow different alignments. The floor of the bridge rises and turns on its axis to compose a facade in the direction of the ruins of the old bridge.

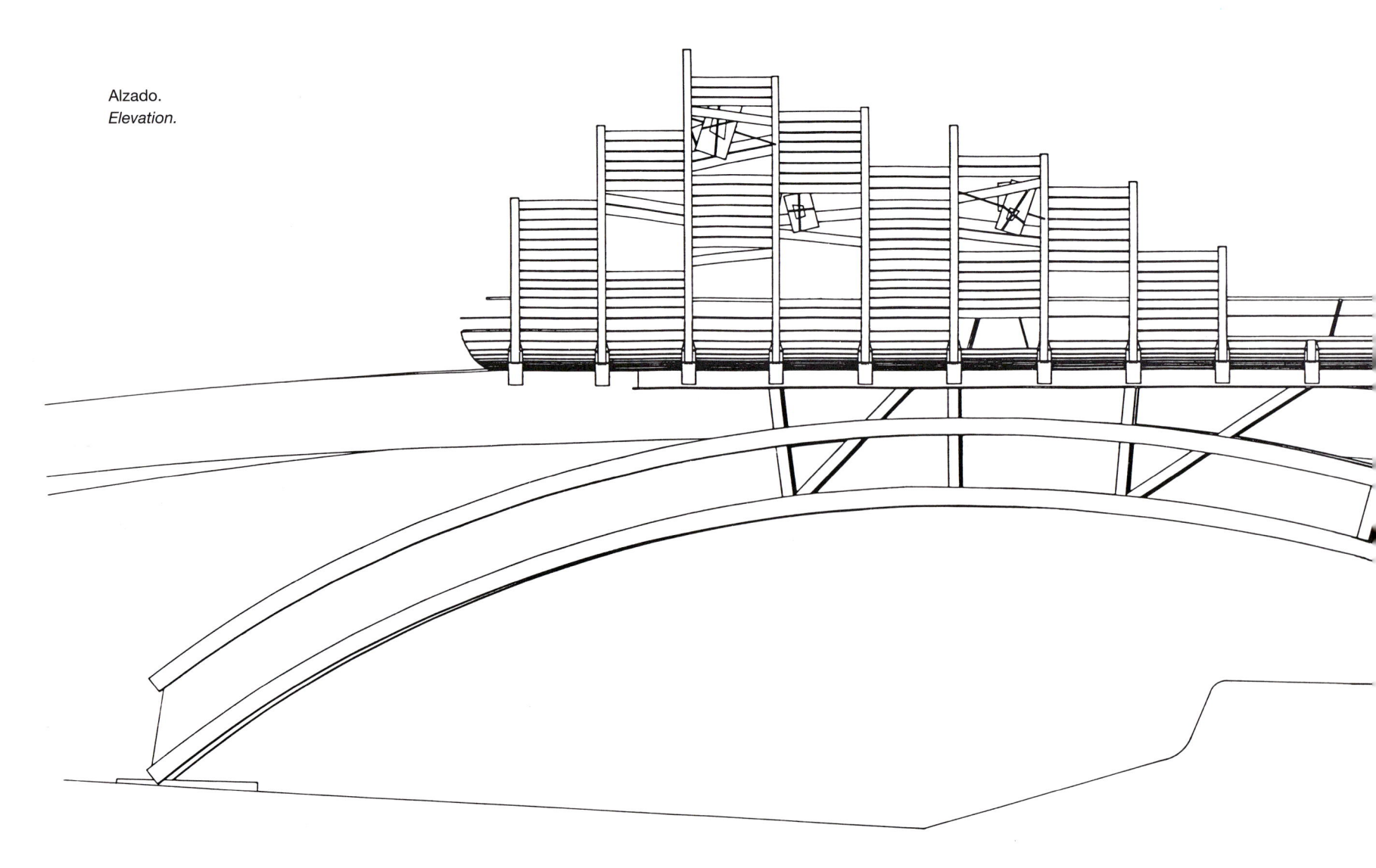

Alzado.
Elevation.

La relación con los márgenes.
El espacio público se prolonga, más allá de la estructura del puente, mediante la construcción de pequeños muros que contienen las tierras.
The relationship with the riverbanks.
The public space is continued beyond the structure of the bridge in the form of a series of low retaining walls.

El tablero.
Aberturas en el pavimento permiten relacionar la superficie del puente con el fondo del barranco. Las sombras de la pérgola lo ponen en relación con el cielo.
The deck.
Openings in the floor serve to relate the surface of the bridge with the bottom of the ravine, while the shadows of the pergola declare its relationship with the sky.

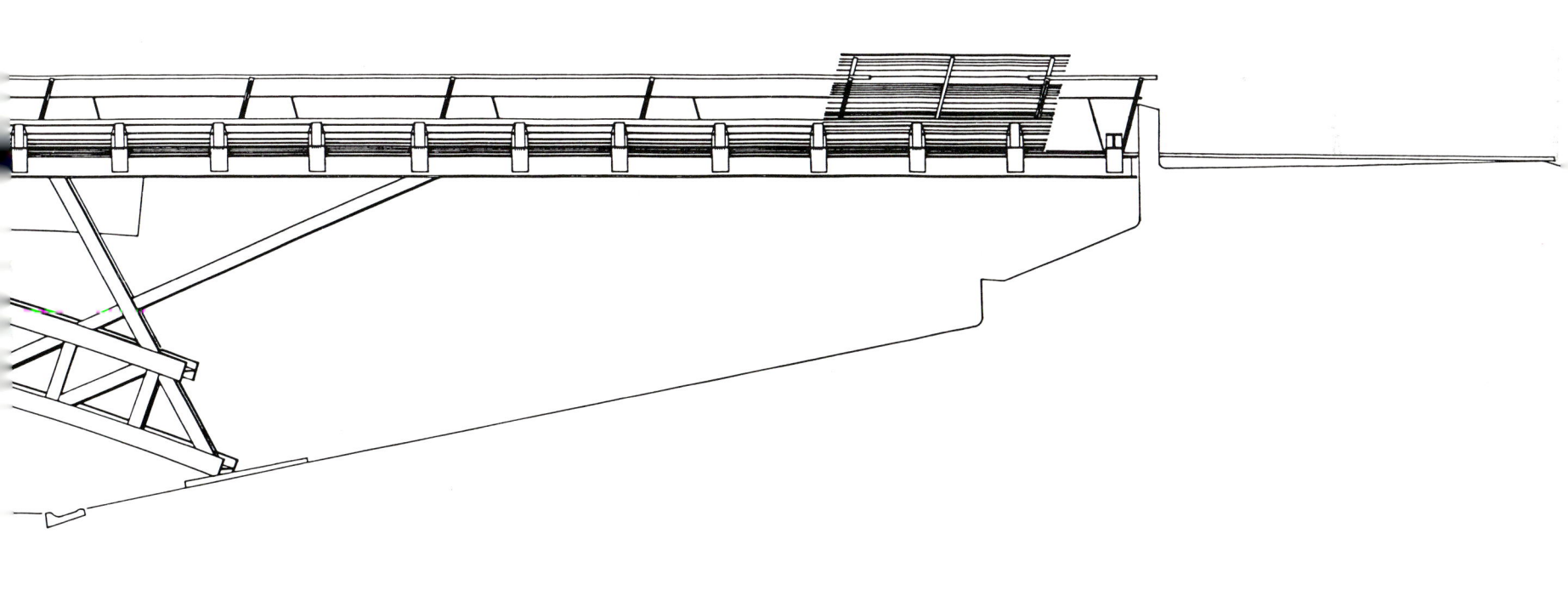

Puente sobre el río Spree Berlín, Alemania. 1991
Albert Speer & Partners arquitectos

Bridge over the river Spree *Berlin, Germany. 1991*
Albert Speer & Partners architects

El concurso para la reposición del Kronprinzenbrücke sobre el río Spree, en Berlín, puso de manifiesto la heterogeneidad de planteamientos que un puente puede dar en un lugar tan significativo como el vacío dejado tras de sí por el derribo del muro.

De entre las distintas posibilidades de trabajo, el grupo liderado por Albert Speer apuesta, en el proyecto que presentamos, por significar los valores urbanos del lugar, trasponiéndolos al nuevo puente, que se convierte así en paradigma de una cierta forma de entender el espacio público. Para ello, la plataforma de circulación se diseña completamente horizontal, al tiempo que se sobredimensiona su anchura, creando una cierta ambigüedad en su proporción.

Sobre esta plataforma, medio calle, medio plaza, se organizan los diversos usos urbanos requeridos, acentuando su especificidad: pasos para peatones, vehículos, bicicletas, zonas de estancia, etc.

Esta diversidad se consigue otorgando a cada uso niveles y formas específicas que permiten relaciones entre sí y con el río individualizadas. Los materiales y las texturas particulares corroboran este empeño.

El mobiliario urbano, quioscos, anuncios, señalizaciones pasos cebra, semáforos y balizas definen los diversos espacios y evocan el ajetreo de la ciudad.

La estructura portante permanece oculta bajo la gran plataforma, haciendo posible su construcción pero sin interferir en la percepción del fragmento de actividad urbana depositado sobre el río.

The competition for the replacement of the Kronprinzenbrücke over the river Spree in Berlin served to manifest the heterogeneity of solutions that can be adopted for a bridge in a site of such significance as the void left by the demolishing of the Berlin Wall.

Amongst the different possiblities for approaching the work, the team headed by Albert Speer opts in the project presented here to signify the urban values of the setting and transpose these onto the new bridge, which thus becomes a paradigm of a particular way of understanding urban space. To this end, the deck is designed as a completely horizontal plane, while its width is exaggerated, effectively creating a certain ambiguity in its proportions.

The various urban functions called for are laid out on this deck, half street, half square: pedestrian crossing, vehicle and bicycle lanes, areas of seating, etc. This diversity is achieved by allocating to each use specific levels and forms which facilitate the creation of individualized relationships between these and the river. The specific materials and textures contribute to this process.

The street furniture, kiosks, advertising, signage, crossings, traffic lights and bollards define the different spaces and evoke the bustle of the city.

The load-bearing structure concealed beneath the great deck is indispensable to its construction but unwilling to interfere in the readings of this fragment of urban activity laid out above the river.

El puente en relación con el río.
El puente se extiende sobre el río, como una plataforma sobre la que se depositan ordenadamente, los usos urbanos requeridos.

The bridge in relation to the river.
The bridge extends across the river like a platform on which the various urban functions have been rationally laid out.

Planta.
Plan.

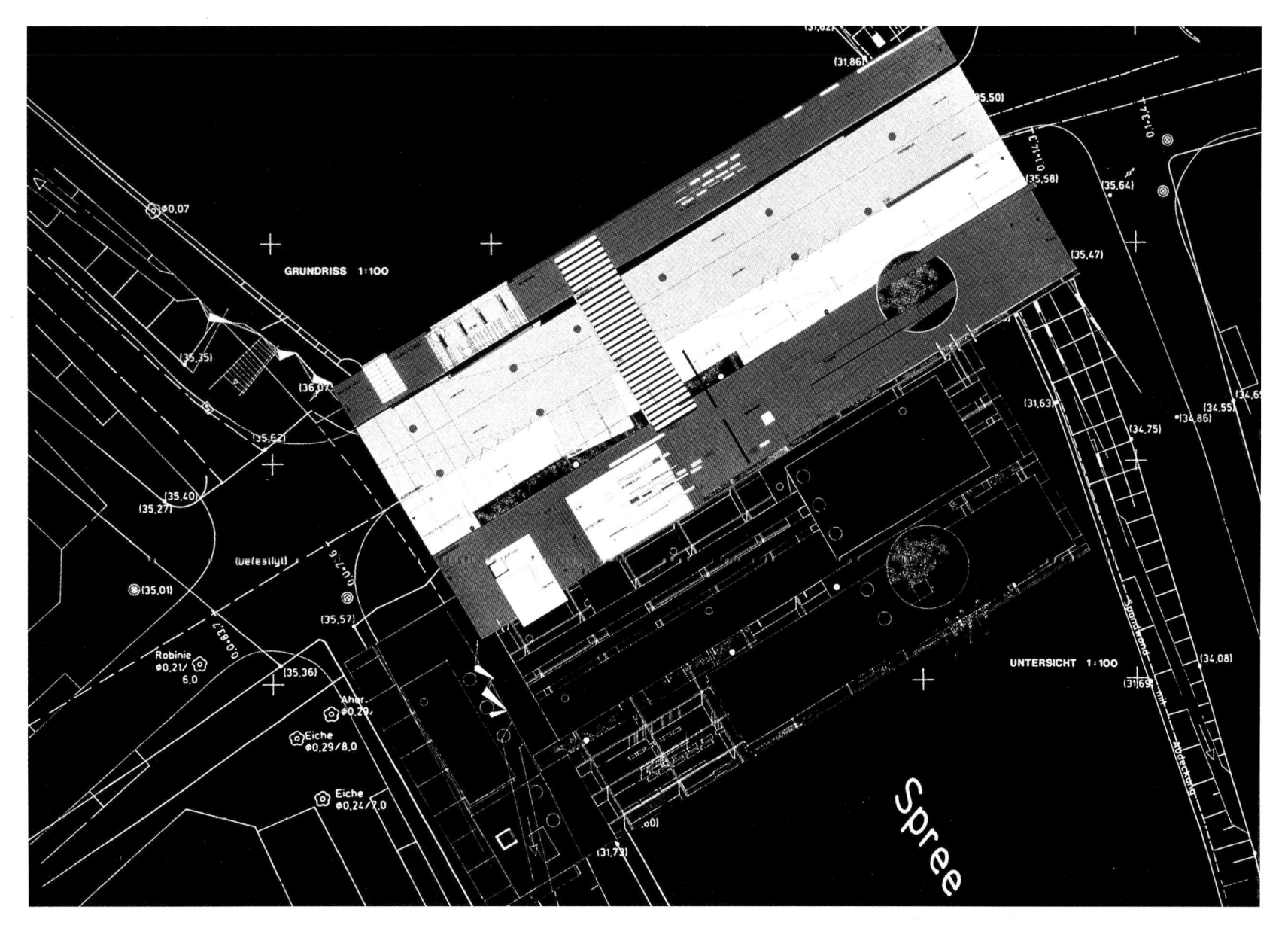

El tablero.
La complejidad de su organización en planta, relaciona el puente con el carácter de la ciudad en el que se construye.
The deck.
The complexity of the organization of the plan relates the bridge to the character of the city in which it stands.

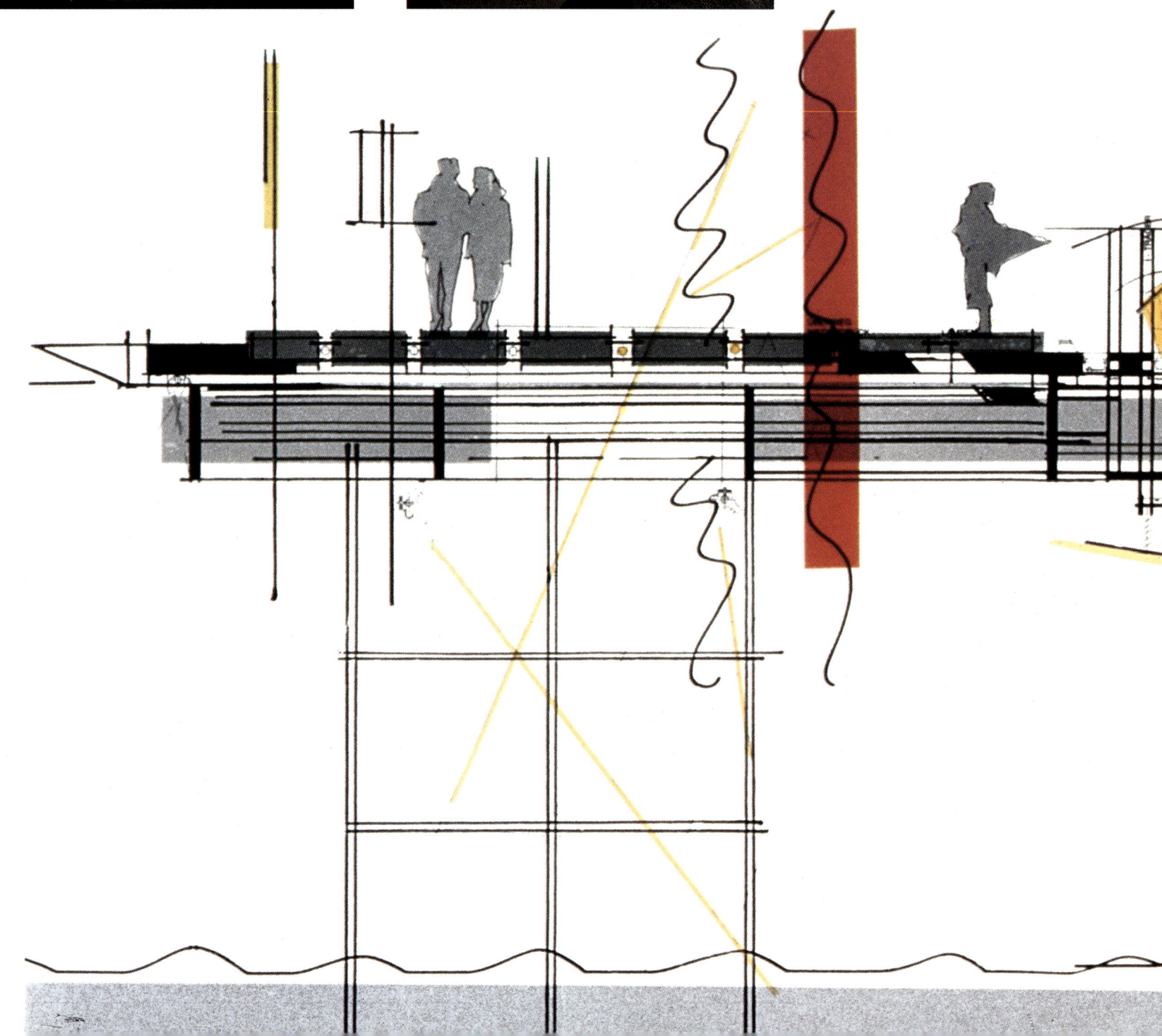

Secciones longitudinales.
El puente acentúa su valor como soporte de funciones públicas, al minimizar la expresión de su estructura.
Longitudinal sections.
The bridge accentuates its character as a setting for public functions by minimizing the expression of its structure.

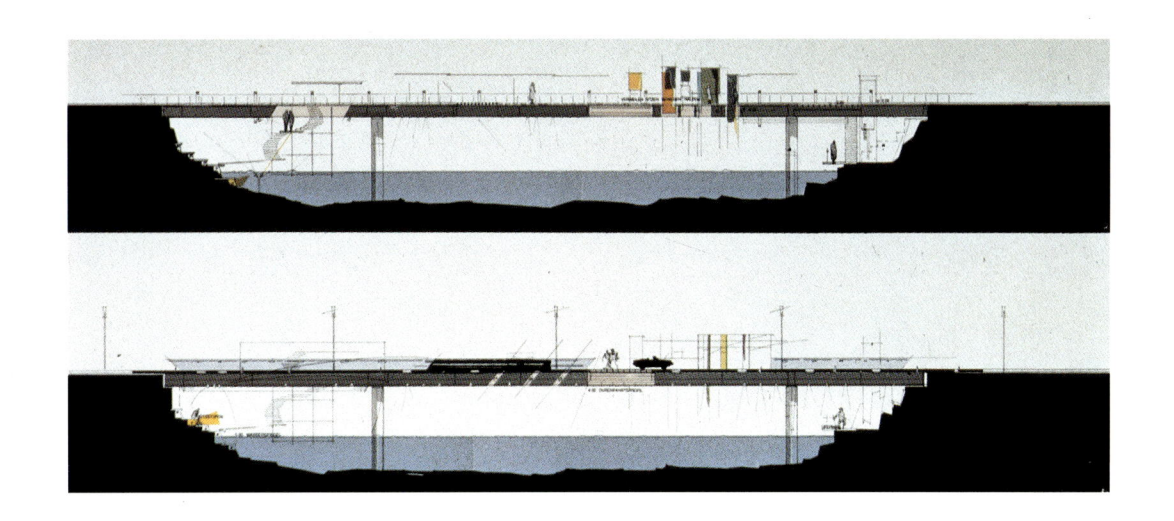

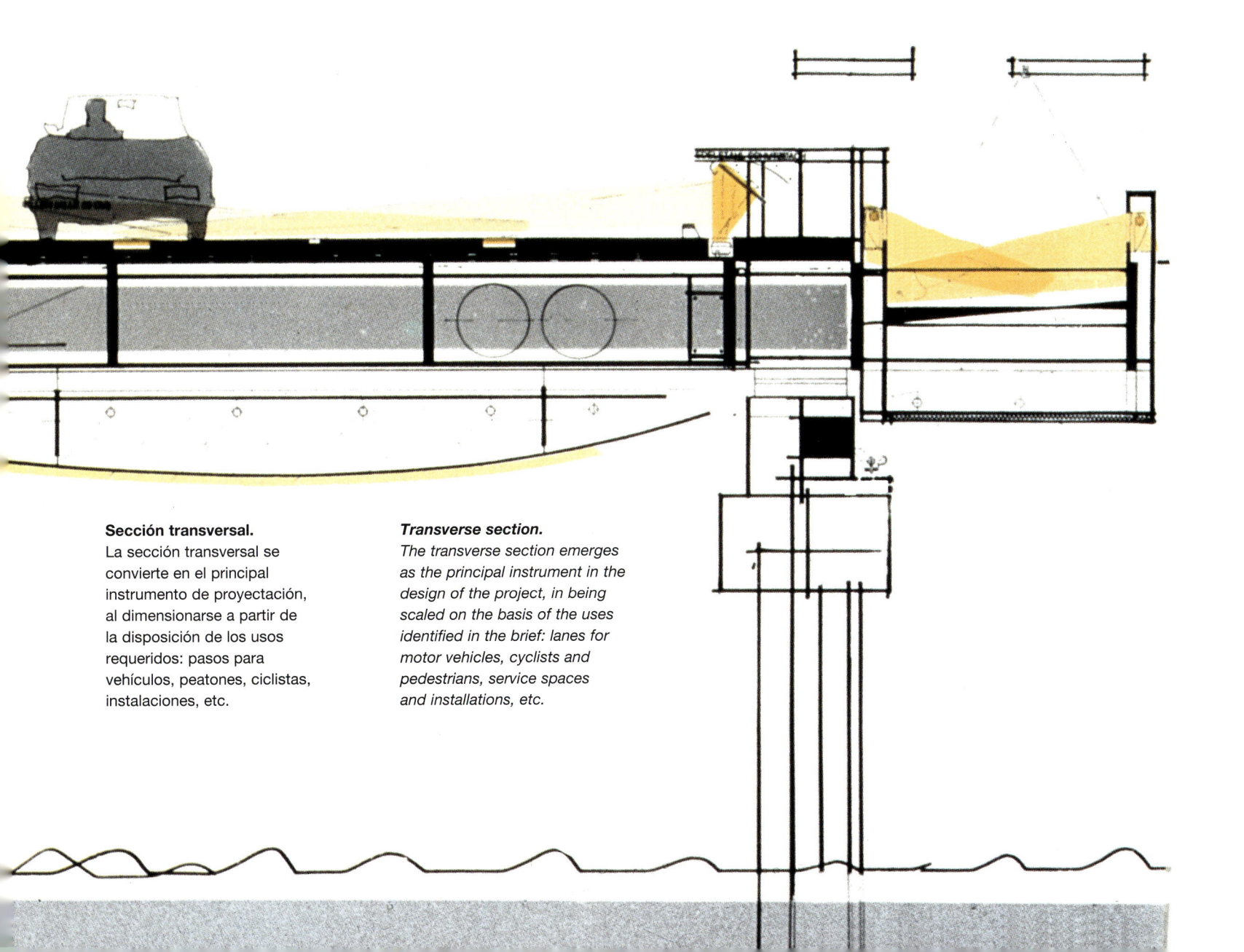

Sección transversal.
La sección transversal se convierte en el principal instrumento de proyectación, al dimensionarse a partir de la disposición de los usos requeridos: pasos para vehículos, peatones, ciclistas, instalaciones, etc.

Transverse section.
The transverse section emerges as the principal instrument in the design of the project, in being scaled on the basis of the uses identified in the brief: lanes for motor vehicles, cyclists and pedestrians, service spaces and installations, etc.

Historia y metáfora
History and metaphor

Pasarela en el complejo industrial Braun AG Melsungen, Alemania. 1993

James Stirling, Michael Wilford arquitectos. Colaboradores: Walter Nägely, Renzo Vallebuona con: L. Brands, R. Hass, R. Klöti, B. MacRibhaigh, B.Renecke, H. Rolfes, J. Thrin, S. Wenik, Stefan Polonyi, Otto Meyer, Gunnar Martinson, Karl Bauer

Footbridge in the Braun AG industrial complex *Melsungen, Germany. 1993*

James Stirling, Michael Wilford architects. Collaborators: Walter Nägely, Renzo Vallebuona. In conjunction with: L. Brands, R. Hass, R. Klöti, B. MacRibhaigh, B.Renecke, H. Rolfes, J. Thrin, S. Wenik, Stefan Polonyi, Otto Meyer, Gunnar Martinson, Karl Bauer

La pasarela de comunicación de James Stirling y Michael Wilford que presentamos, se encuentra situada en el complejo industrial que para Braun AG, construyeron los mismos autores en Melsungen, Alemania.

Este complejo industrial recoge en su diseño modelos arquitectónicos relacionados con el mundo de la producción industrial y el trabajo seriado propios de los siglos XIX y XX.

Esta actitud ecléctica pero, a su vez, inteligentemente crítica, se manifiesta en la elección de tipos específicos para la construcción de cada uno de los sectores del complejo industrial.

Dentro del vasto programa de usos, la conexión entre dos áreas se resuelve evocando la tipología puente en dos de sus acepciones más comunes: el puente muro, de raíz romana, resuelto según un diseño con citas a la arquitectura de Le Corbusier, y el puente palafitario, según un diseño de raíces medievales que lo entroncan con la tradición centroeuropea de construcciones en madera.

Ambas estructuras se sitúan en paralelo resolviendo cada una, según sus propios parámetros, las conexiones entre sí y su relación con los edificios a los que sirven y con el territorio que atraviesan.

The service footbridge by James Stirling and Michael Wilford presented here is situated within the industrial complex for Braun AG, constructed by the same architects, in Melsungen, Germany.

The design of this industrial complex draws together different architectural models related to the manufacturing industry and mass production of the nineteenth and twentieth centuries.

This eclectic but at the same time intelligently critical attitude is manifested here in the choice of specific typologies for the construction of each sector of the industrial complex.

Within the extensive brief, the connection of these two areas is resolved by evoking the typology of the bridge in two of its most generally accepted senses: the bridge within a wall, of Roman origin, resolved in a design that exploits references to the work of Le Corbusier; and the bridge on stilts, derived from mediaeval sources, which connects with Central European traditions of timber construction.

The two structures are laid out parallel to each other, each resolving on the basis of its own parameters the reciprocal connections and the relationships with the buildings to which they give access and the territory they cross.

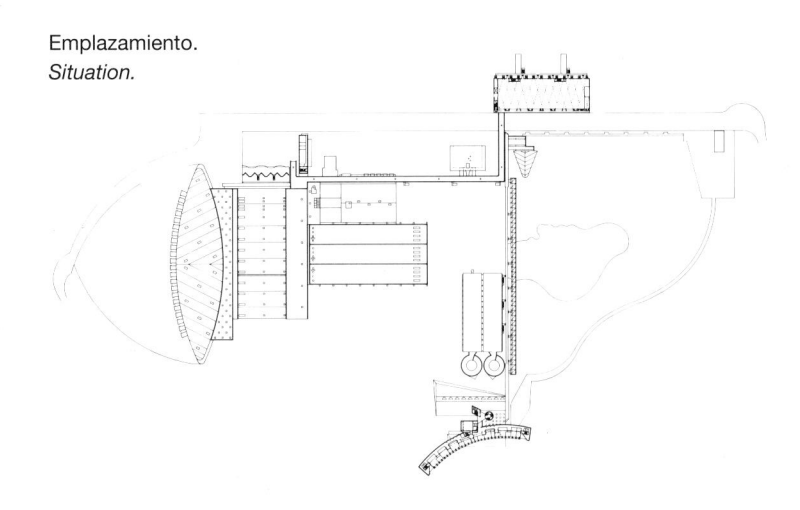

Emplazamiento.
Situation.

La pasarela en su entorno.
La pasarela sirve de unión entre dos sectores del complejo industrial.

The footbridge in its setting.
The footbridge serves to connect two sectors of the industrial complex.

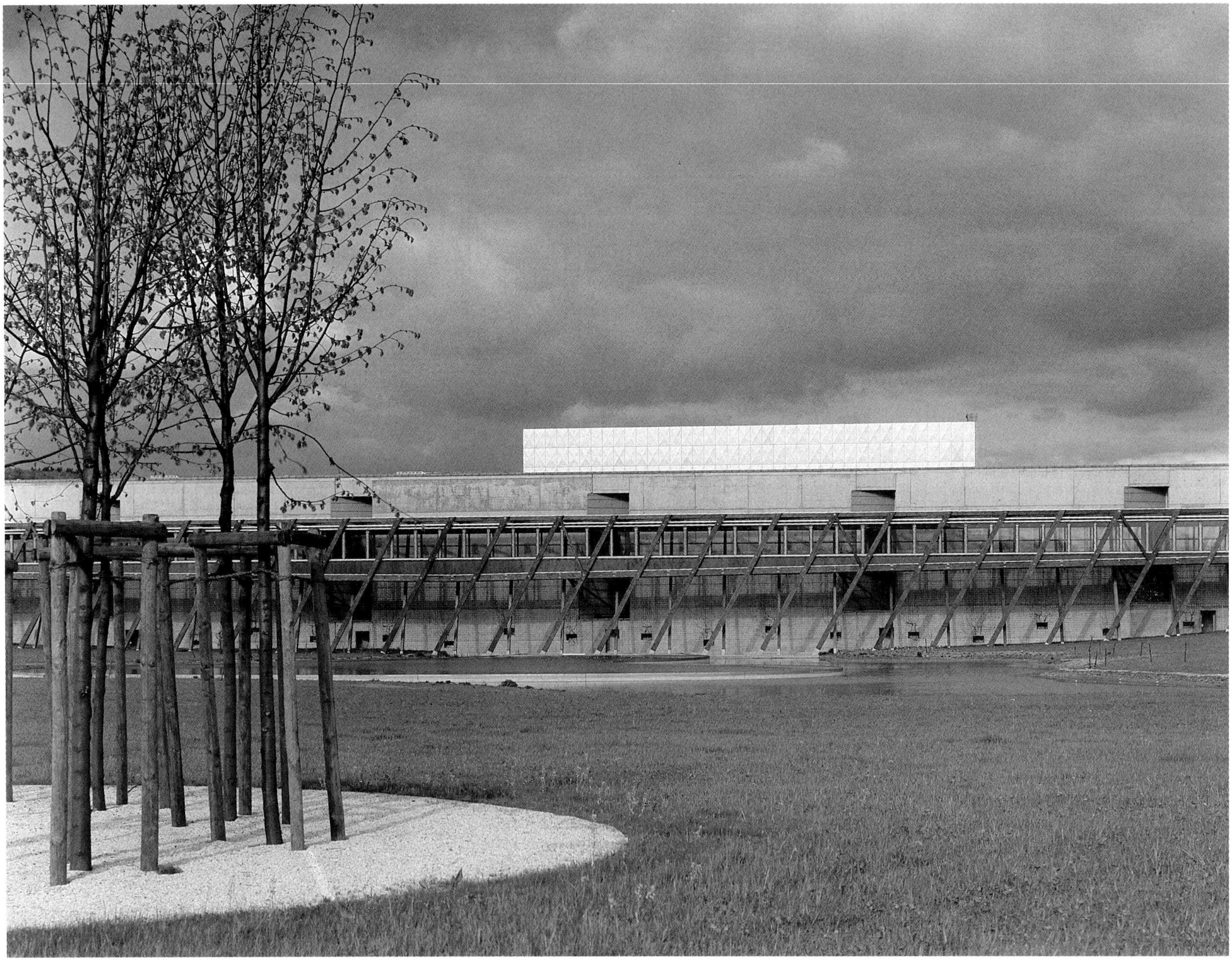

La imagen de la estructura.
La estructura de madera hace referencia al puente de Bassano, proyectado por Palladio, y a algunos puentes medievales alemanes como el de Stuttgart-Bad Cannstatt, sobre el río Neckar o el de Munich, sobre el Isar.

The visual presence of the structure.
The wooden structure evokes the Bassano bridge by Palladio and various mediaeval German bridges such as the Stuttgart-Bad Cannstatt bridge on the Neckar or the Munich bridge on the Isar.

El encuentro con el suelo.
El encuentro de la estructura de madera con el suelo, dibuja una superficie reglada, ligeramente alabeada.
The meeting with the ground.
The meeting of the wooden structure with the ground generates a slightly warped ruled surface.

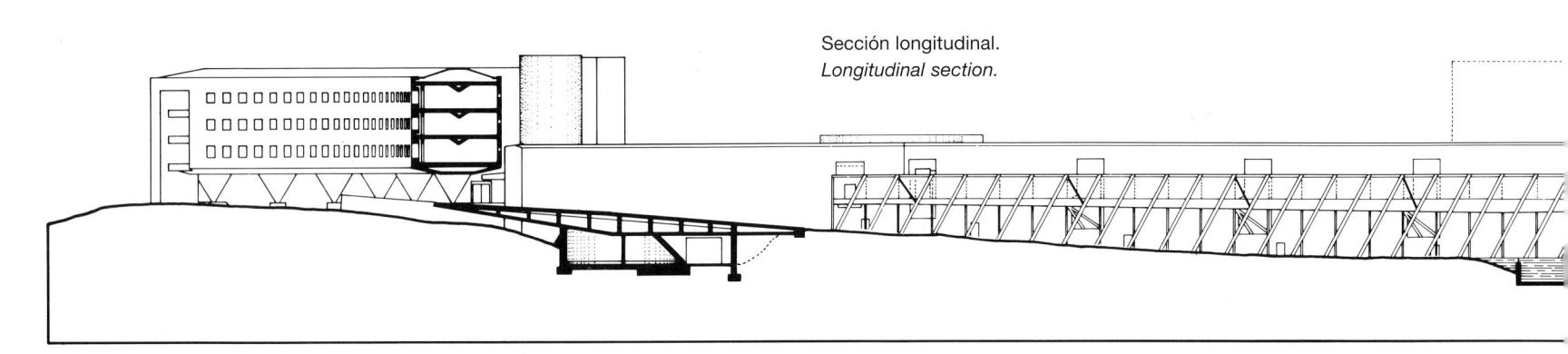

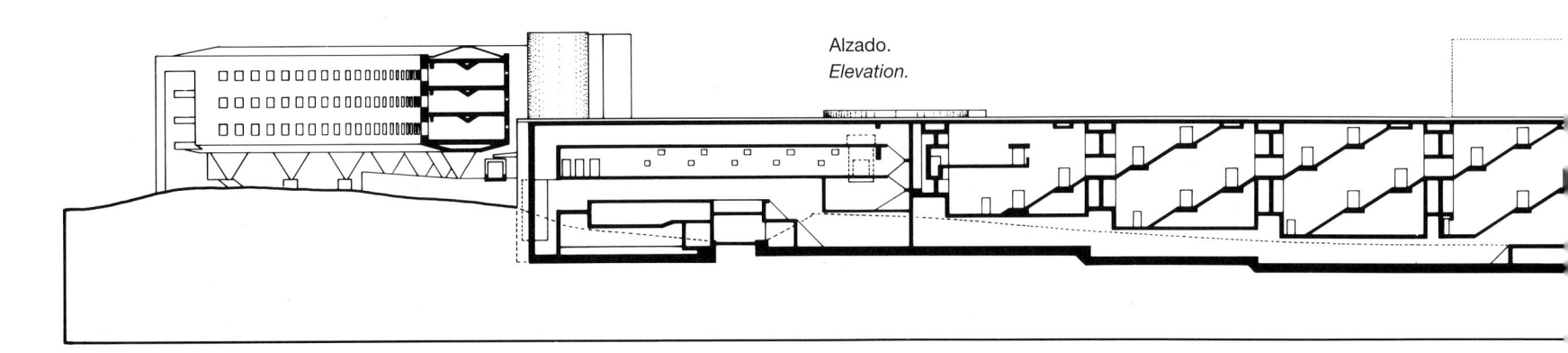

Sección longitudinal.
Longitudinal section.

Alzado.
Elevation.

La unión entre las dos partes de la pasarela.
Unas galerías vidriadas comunican entre sí las dos partes de la pasarela: el pasadizo en sí y la zona de escaleras.
The connection between the two parts of the footbridge.
Glazed galleries connect the two parts of the footbridge: the span itself and the stairs zone.

Vista lateral.
Lateral view.

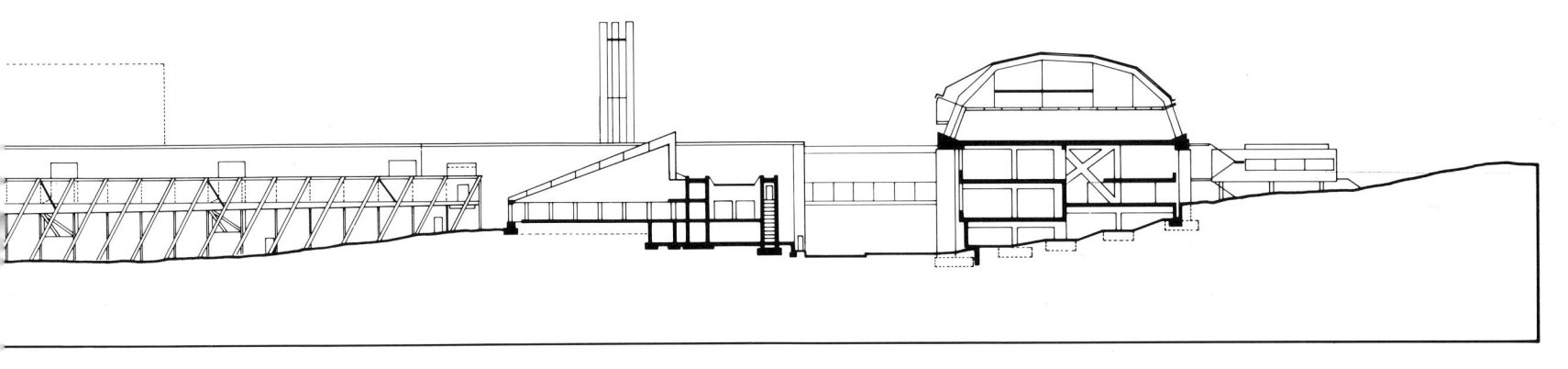

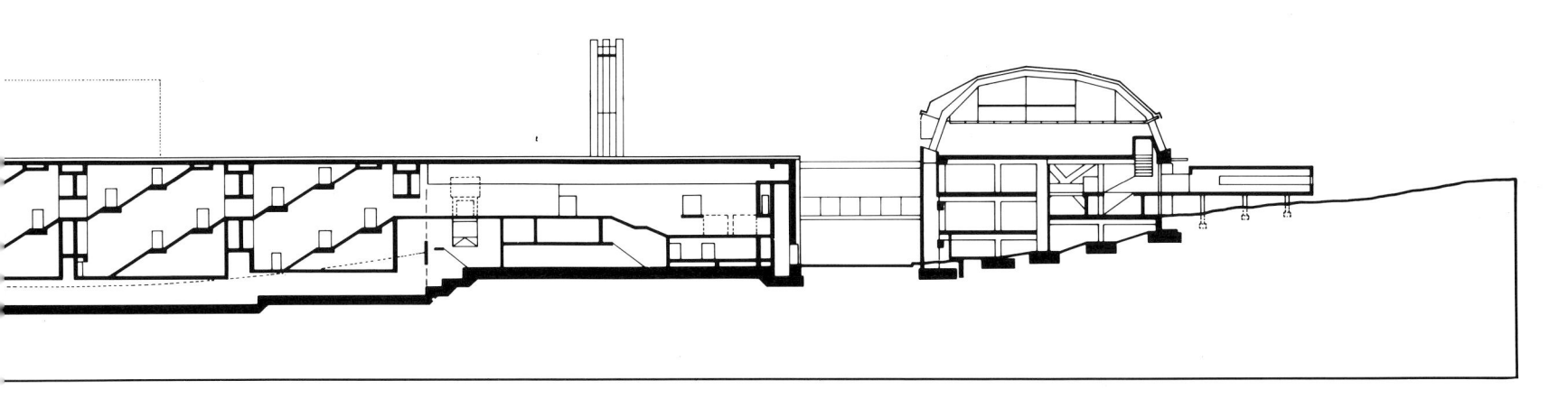

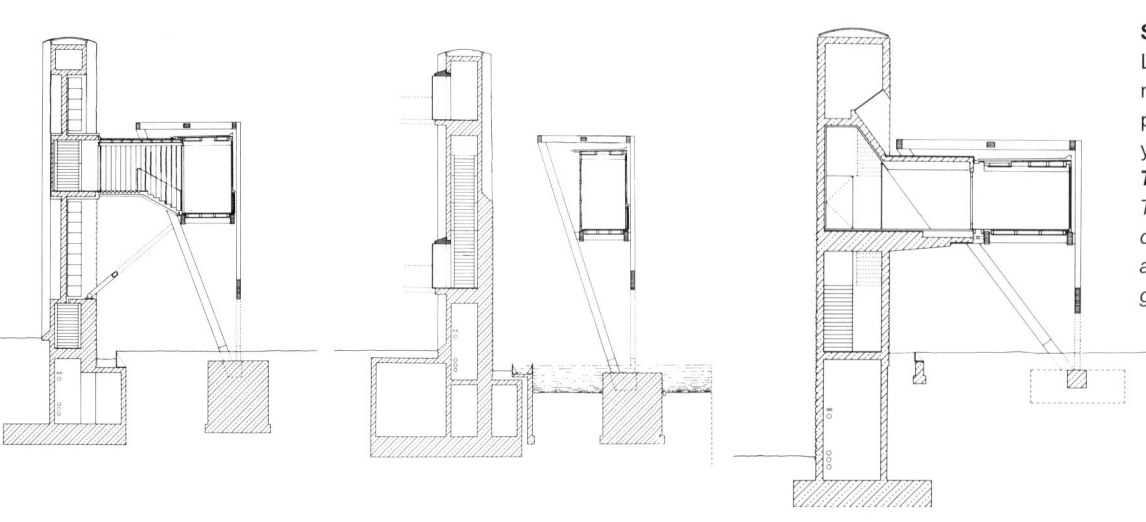

Secciones transversales.
Las secciones transversales muestran el carácter diverso de la pasarela. Por un lado como muro y por otro como palafito.
Transverse sections.
The transverse sections reveal the dual character of the footbridge, as wall on one side and as raised gallery on the other.

Vista del interior.
View of the interior.

Detalle de la fachada.
Detail of the facade.

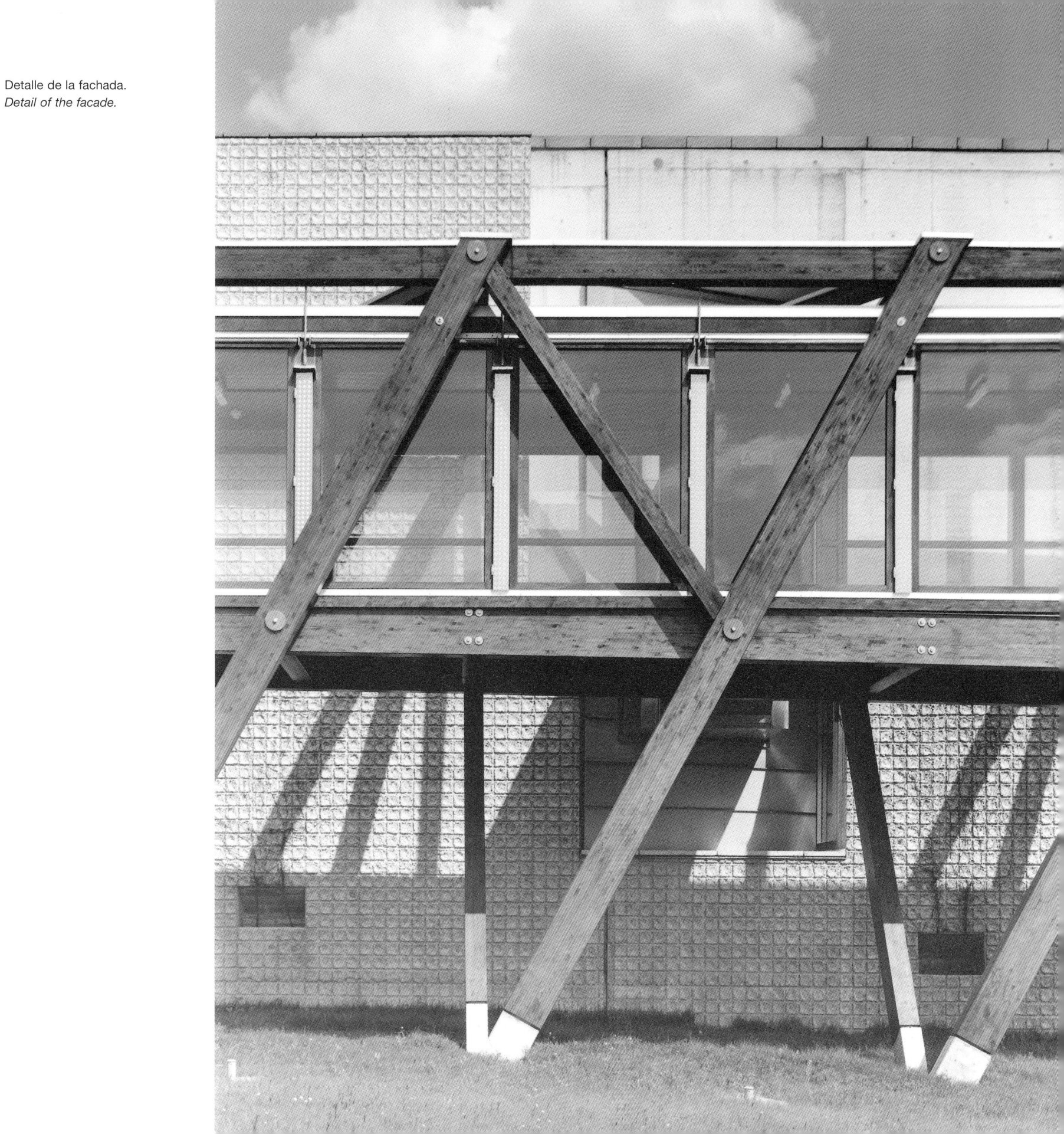

Gimnasio puente South Bronx, Nueva York, Estados Unidos. 1978
Steven Holl arquitecto

Gymnasium bridge South Bronx, New York, United States. 1978
Steven Holl architect

En un entorno dominado por la playa de vías de ferrocarril en desuso, encajonado entre los puentes y autopistas elevadas que saltan sobre ésta y el continuo movimiento de aviones en el cercano aeropuerto de La Guardia como cielo, el concurso al que este proyecto responde buscaba ideas y estrategias de renovación social y urbana en el barrio, sin que éstas supusieran una merma para el futuro desarrollo comercial o industrial de un entorno muy deprimido. El único requerimiento concreto del programa era la construcción de un puente peatonal entre el barrio y el parque de la isla Randall al otro lado del canal.

Steven Holl propone como solución la construcción de un edificio en forma de puente que condense las actividades de encuentro, ocio, deporte y trabajo en una estructura que, a su vez, resuelva la conexión entre el barrio y el parque.

La forma puente le permite tener un mínimo contacto con el lugar, liberando así las expectativas económicas previstas y, a la vez, otorgar escala a la actuación simbolizando el beneficio social que la acción comporta.

La analogía se utiliza también en el diseño de los soportes. Las pequeñas entradas en cada extremo del vano principal preservan, al variarse en el centro, las vistas entre la calle, el canal y la isla. El cuerpo principal, traslúcido, se alinea con la calle y se cruza con otro puente que salta sobre él. La base se acondiciona para usos deportivos relacionados con el río, a modo de extensión de las actividades del edificio.

La estructura del cuerpo principal está formada por una viga-cajón metálica, de dos pisos de altura, cubierta mediante paneles aislantes y traslúcidos de color blanco. Las paredes pueden abrirse hacia fuera formando un toldo a la altura de la vista.

De noche, la viga se ilumina interiormente como un faro, alumbrando los pasos inferiores y referenciando la intervención.

In an area dominated by the shunting yard of a disused railway, slotted in between the bridges and raised expressways that soar above this, with the constant landing and take-off of planes from the nearby La Guardia airport overhead, the competition for which this project was drawn up was looking for ideas and strategies for the social and urban renewal of the neighbourhood, without these creating an obstruction to the future commercial or industrial development of this acutely depressed area. The only concrete stipulation made by the competition brief was the construction of a footbridge to connect the neighbourhood with the park on Randall's Island on the other side of the canal.

Steven Holl's solution proposes a building in the form of a bridge which would concentrate the activities of meeting, leisure, sport and work in one structure, and would at the same time resolve the connection between the neighbourhood and the park.

The bridge typology allows the architecture a minimal contact with the site, in this way liberating the envisaged economic potential of the site and effectively establishing an appropriate scale for the intervention, symbolizing the social benefits the intervention represents.

The same analogy is utilized in the design of the supports. Thanks to their position, the small entrances at either end of the main span preserve the views between street, canal and island. The translucent main volume is aligned with the street and is crossed in its turn by another bridge. The base is fitted out for sports activities related to the river, a kind of extension of the activities of the building.

The structure of the main volume consists of a metal box-girder, two storeys high, faced with white translucent insulating panels. The walls can be opened outwards to form an awning.

At night the box-girder is lit up internally like a lighthouse, illuminating the lower routes and signalling the intervention.

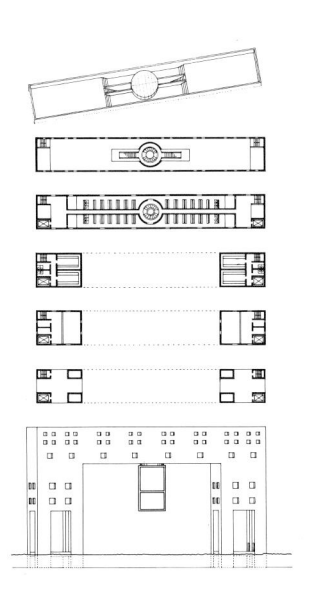

Plantas y alzado.
Plans and elevation.

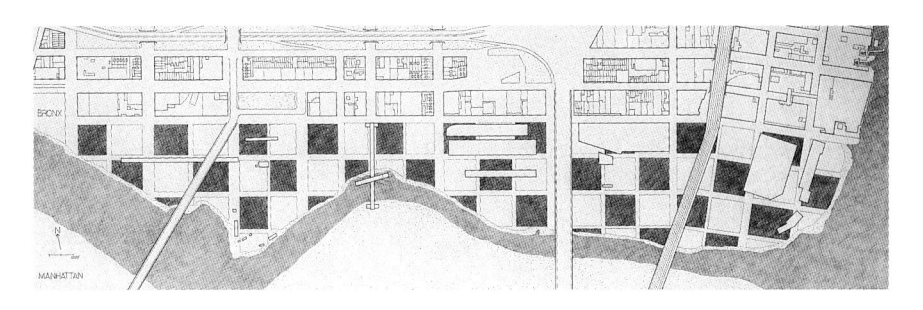

Emplazamiento.
Situation.

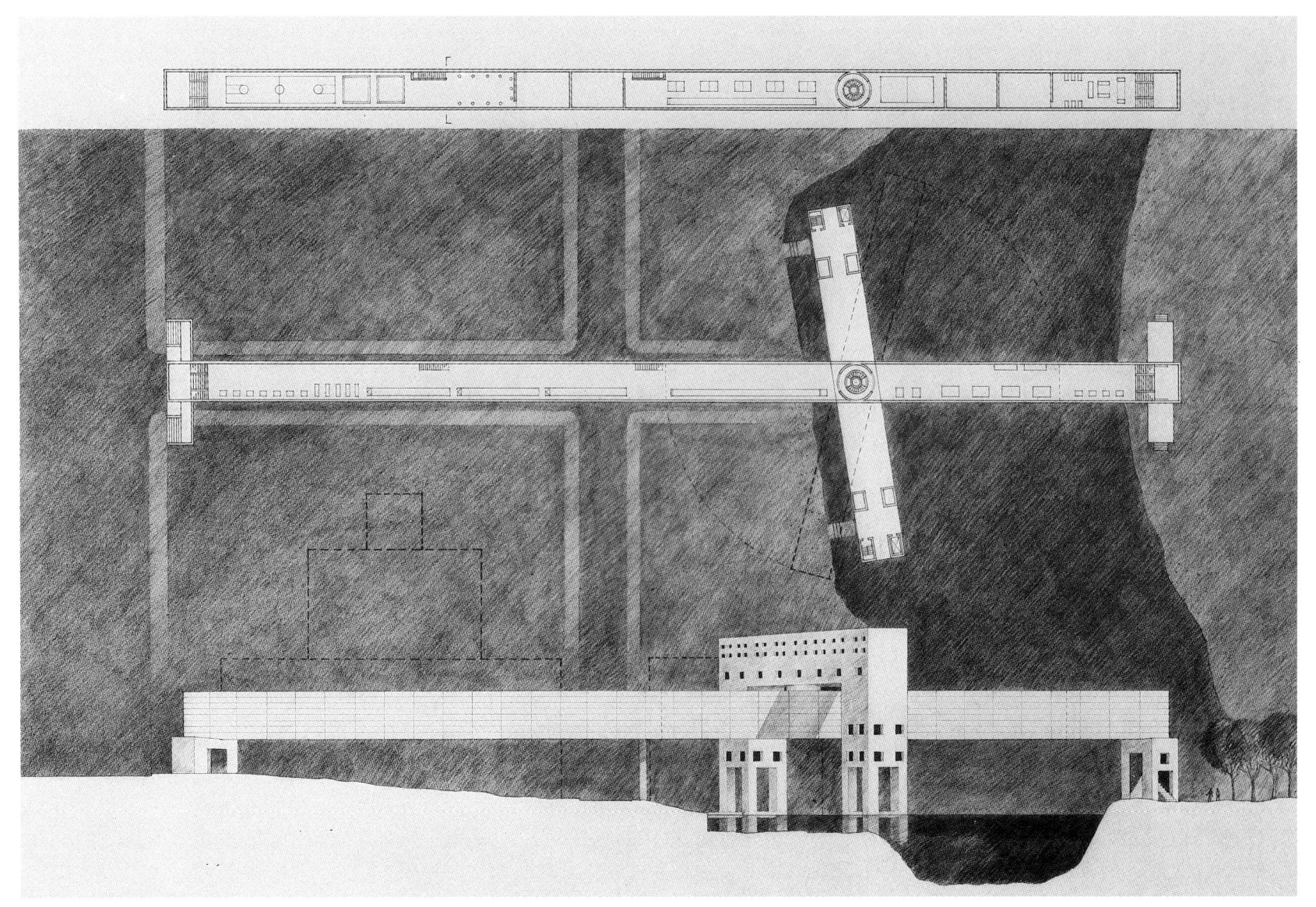

87

Pasarela en el Museumpark Rotterdam, Holanda. 1990
Rem Koolhaas arquitecto. Colaboradora: Petra Blaisse, estructura

Footbridge in Museumpark *Rotterdam, Holland. 1990*
Rem Koolhaas architect. In conjunction with: Petra Blaisse, structure

Esta pasarela proyectada por Rem Koolhaas está situada en el Museumpark de Rotterdam, una antigua zona ajardinada rediseñada por el propio Koolhaas en colaboración con el arquitecto paisajista francés Yves Brunier.

El parque se sitúa en una área rodeada por diversos museos y centros culturales, el Museo Boymans-Van Beuningen, el Instituto de Arquitectura Holandés, el Museo de Ciencias Naturales, etc.

En ambos extremos encontramos las más recientes construcciones, a un lado el Instituto de Arquitectura de Jo Coenen y, al otro, la Kunsthaal de Rem Koolhaas.

La pasarela forma parte del recorrido principal del parque y da continuidad al sendero que, atravesando la Kunsthaal, lleva hasta el Instituto de Arquitectura.

En su trayectoria, el sendero debe atravesar un inmenso parterre de flores en medio de un bosque. La pasarela dibuja sobre el lugar un salto diáfano que permite elevar al peatón y luego hacerlo descender de manera casi imperceptible.

Una ligera losa de hormigón dibuja en el aire el trazo. La estructura portante se sitúa bajo la losa haciéndose imperceptible para el peatón. Desde abajo, los soportes, inclinados y sin orden reconocible, hacen referencia a los troncos de los árboles que circundan la pasarela.

El tablero, taladrado por pequeños cilindros de vidrio moldeado, provoca sobre el suelo sombras que recuerdan vagamente a las de las hojas.

This footbridge designed by Rem Koolhaas is situated in Rotterdam's Museumpark, an old landscaped district redesigned by Koolhaas himself in association with the French landscape architect Yves Brunier.

The park is located in an area surrounded by several museums and cultural centres, including the Boymans-Van Beuningen museum, the Netherlands Institute of Architecture, the Museum of Natural Sciences, and so on.

The most recent constructions are to be found at the two extremes of the park; at one end, the Institute of Architecture by Jo Coenen, at the other, the Kunsthaal by Rem Koolhaas.

The footbridge forms part of the main route within the park and gives continuity to the pathway which, passing through the Kunsthaal, leads to the Institute of Architecture.

In its trajectory, the path has to cross an immense parterre in the middle of a wooded area of the park. The footbridge executes a diaphanous leap across this flower bed, almost imperceptibly lifting itself into the air and dropping down again to ground level.

A lightweight concrete slab draws the line in the air. The structure is situated beneath the slab, and is thus invisible to the pedestrian. From below, the inclined supports are deployed in an apparently arbitrary sequence in visual reference to the tree trunks which surround the bridge. The deck, perforated by small cylinders of glass, casts shadows over the ground that resemble those of the leaves.

Alzado.
Elevation.

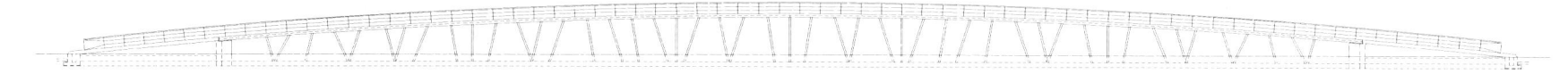

La pasarela en el parque.
El tablero se eleva sobre el parterre de flores y cruza el parque a la altura de los árboles.

The footbridge in the park.
The deck is raised above the parterre of flower beds, crossing the park at tree-top level.

Detalle del pavimento.
Desde la pasarela el parque se contempla como desde un balcón.
Detail of the paving.
A balcony on the footbridge affords views of the park.

El tablero.
Las aberturas en el tablero, relacionan a la pasarela con el parterre y dibujan sobre éste una caligrafía de luces y sombras.
The deck.
The openings in the deck serve to relate the footbridge with the parterre and cast a changing pattern of light and shadow.

La estructura.
La estructura portante busca confundirse con los troncos de los árboles.

The structure.
The load-bearing structure merges discreetly amongst the tree trunks.

Detalle del estribo.
Detail of the pier.

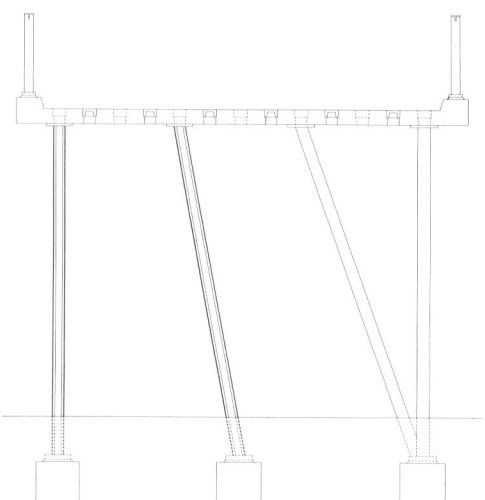

Sección transversal.
La profusión de soportes permite minimizar el canto del tablero.
Transverse section.
The numerous supports allows the depth of the deck to be reduced to a minimum.

Vistas desde y hacia el camino.
La pasarela da continuidad al eje principal del parque.

Views from and of the path.
The footbridge is a continuation of the main circulation route through the park.

Puente en Columbus Columbus, Indiana, Estados Unidos. 1992
Emilio Ambasz arquitecto

Bridge in Columbus Columbus, Indiana, United States. 1992
Emilio Ambasz architect

La arquitectura de Emilio Ambasz suele utilizar en sus formalizaciones elementos de carácter *naïf*, fruto de su vinculación con el movimiento *pop* y de su visión de lo *kistch* como imagen del espíritu americano.

En su obra, esta visión suele traducirse en un meticuloso trabajo con la tierra y en la subversión de conceptos espaciales comúnmente aceptados. Arriba y abajo o dentro y fuera, varían su esencia en función del tratamiento de los planos y de la posición de éstos respecto al terreno circundante.

En el trabajo que aquí presentamos, Ambasz parte, irónicamente, de la imagen estereotipada de la Parkway, la vía-parque americana, flanqueada de jardineras.

Así, entendiendo el puente como parte de esa vía y a través del habitual trabajo de desmaterialización del plano del suelo, las jardineras se elevan progresivamente hasta transformarse en columnas capaces de sostener el tablero. El suelo está arriba. La aproximación al puente se realiza mediante un cuidadoso trazado en curva que permite observarlo en escorzo a medida que se acerca el momento de paso. El final del recorrido se alinea con el eje de las dos torres más significativas de la ciudad, la del juzgado y la de la iglesia de Saarinen.

Queda de esta forma patente la intención última del proyecto, dotar a la entrada de la ciudad del carácter de amable bienvenida que la ocasión y el nuevo acceso exigen.

Emilio Ambasz tends to employ elements of a naïf character in his architectural formalizations, the product of his links with the Pop movement and his vision of kitsch as an image of the American spirit.

In his work, this vision frequently takes the form of a meticulous engagement with the ground and a radical subversion of commonly accepted spatial concepts. Above/below and inside/outside modify their essence on the basis of the treatment of the planes and the positioning of these in relation to the surrounding terrain.

In the project presented here, Ambasz's point of departure is, ironically, the stereotypical image of the Parkway, the American road-park, flanked by gardens.

In this way, considering the bridge as part of this route and by means of the habitual process of dematerializing the ground plane, the planters are progressively elevated until they convert into columns capable of supporting the deck. The ground rises up. The approach to the bridge is realized by way of a carefully studied curving scheme which allows it to be seen in foreshortened perspective as the moment of crossing draws near. The culmination of the route is aligned with the axis of the city's two most significant towers, those of the law courts and the church by Saarinen.

The ultimate intention of the project is thus made apparent: to give the entrance to the city the friendly, welcoming character called for by the occasion and the new access.

Emplazamiento.
El puente corrige la axialidad de los puentes anteriores para colocarse en línea con las dos torres más altas de la ciudad.

Location.
The bridge corrects the axial alignment of the earlier bridges to situate itself in line with the city's two tallest buildings.

Puente y autopista.
El puente se construye en total continuidad con la autopista no sólo en cuanto a trazado, sino, y especialmente, en tanto que lenguaje específico.

Bridge and highway.
The bridge is perfectly continuous with the highway, not only in its trajectory but especially in the specifics of its architectural language.

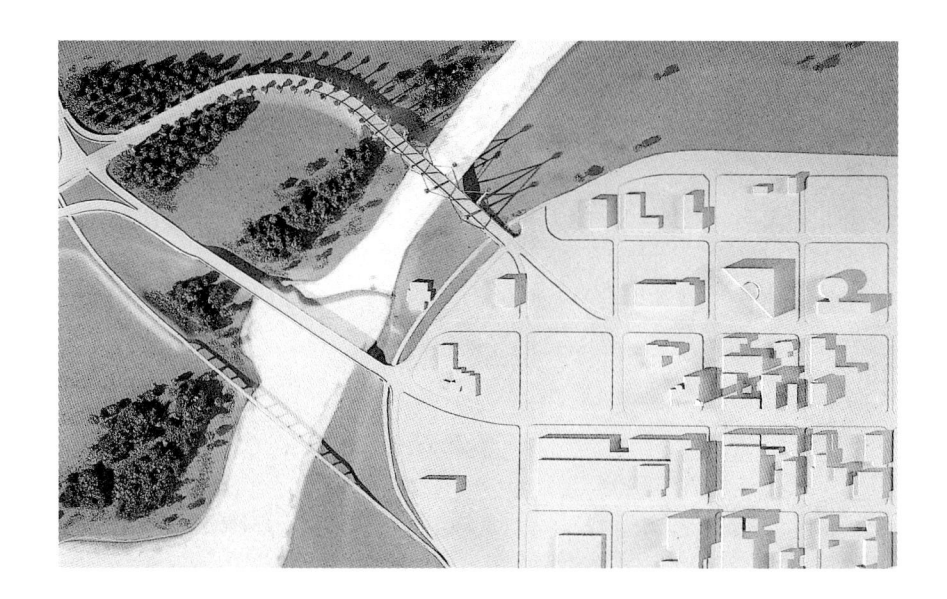

El puente en su entorno.
Las jardineras que flanquean la autopista van progresivamente elevándose hasta convertirse en los soportes del puente. El trazado en curva permite contemplar esta progresión.

The bridge in its setting.
The planters that flank the highway are progressively increased in height to become the supports of the bridge; the curving trajectory clearly reveals this progression.

Detalles de la estructura.
De las jardineras-soporte nacen los cables de los que cuelga el puente.

Details of the structure.
The cables from which the bridge is suspended are anchored to the planter-piers.

Bridge Over a Tree Mineápolis/*Minneapolis,* Estados Unidos/*United States*. 1970
Noaa Bridges Seattle, Washington, Estados Unidos/*United States*. 1983
Gazebo for two Anarchists Storm King, Mountainville,
Nueva York/*New York,* Estados Unidos/*United States*. 1993. Siah Armajani artista/*artist*

Los puentes-escultura de Siah Armajani forman parte de su obra plástica iniciada a mediados de los años sesenta.

En su trabajo como escultor, el uso de formas convencionales y, en especial, la forma de puente, son una constante en su trayectoria.

El puente, como morfología, permite a Armajani, a través de la idea de salto, relacionar imágenes e ideas descontextualizadas y aparentemente ajenas entre sí, para comunicarse con el espectador.

Es también frecuente en su obra el uso de textos e inscripciones que complementan el significado de la pieza.

Estas prácticas recuperan una realidad olvidada: un puente es capaz de explicarnos hechos, ideas o acontecimientos aparte de representarlas, conmemorarlas o simbolizarlas.

En *Bridge Over a Tree* un puente salta por encima de un árbol pero, al mismo tiempo, al cubrirlo es capaz de construirle su propio lugar, su propio espacio.

Los *Noaa Bridges* son a la vez un puente salto, que conecta los márgenes de un torrente, y un puente conducto, que asegura el paso del torrente bajo la construcción. El ojo del puente.

Gazebo for two Anarchists narra la posible relación entre dos piezas extremas, dos individuos separados, mirándose gracias a un puente capaz de facilitar su comunicación sin merma de su individualidad.

La metáfora puente evoca la capacidad social de relación entre individuos.

El interés de Armajani por la forma puente no radica en el objeto mismo sino en su capacidad para evocar la idea de comunicación.

La metáfora puente es la del arte, la de la dificultad del artista para comunicarse.

Siah Armajani began producing bridge-sculptures as part of his work as an artist in the mid sixties.

The use of conventional forms, particularly that of the bridge, are a constant in his development in the field of sculpture.

The morphology of the bridge allows Armajani, by invoking the idea of a "leap", to relate decontextualized and apparently unrelated images and ideas in order to communicate with the spectator.

The artist also frequently makes use of texts and inscriptions in his work, thus complementing the signification of the piece itself.

This practice serves to rediscover a forgotten reality: a bridge has the capacity to explain facts, ideas or events to us, in addition to its functions of representing, commemorating or symbolizing these.

In Bridge Over a Tree, *the bridge does indeed leap over a tree, but at the same time, in covering it it serves to construct its own place, its own space.*

The Noaa Bridges *are at once a leap, connecting the two banks of a stream, and a conduit which ensures the passage of the stream underneath the construction. The eye of the bridge.*

Gazebo for two Anarchists *narrates the possible relation between two opposing elements, two separate individuals, allowing them to regard one other across a bridge that facilitates their communication without any sacrifice of individuality.*

The metaphor of the bridge evokes the social capacity of relationships between individuals.

Armajani's interest in the form of the bridge is based not on the object itself, but rather on its capacity for evoking the idea of communication.

The bridge metaphor is that of art, that of the artist's difficulty in communicating.

Bridge Over a Tree

Maqueta.
Model.

Escultura.
Sculpture.

Noaa Bridge

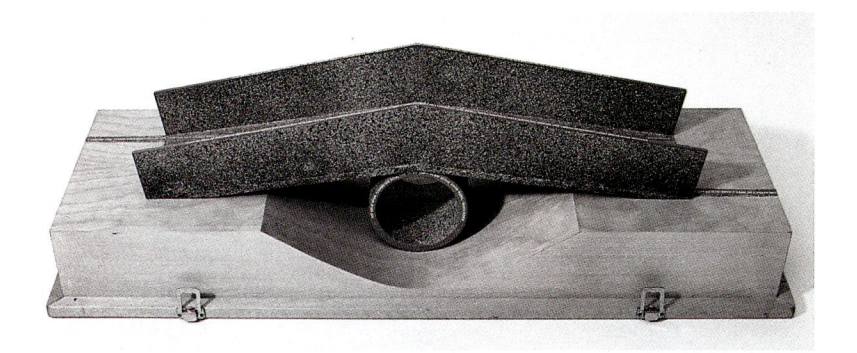

Maqueta.
Model.

Escultura.
Sculpture.

Gazebo for two Anarchists

Maqueta.
Model.

Escultura.
Sculpture.

Translucent Bridge Fort Aspern, Estados Unidos/*United States*. 1989
Pont des Arts París, Francia/*Paris, France*. 1983
Peter Wilson

El puente es, junto con el barco, una de las figuras recurrentes de la imaginería personal de Peter Wilson. Para él, su interés radicaría en su potente autonomía, que es capaz de soportar significados y lecturas propias sin necesidad de medirse obligatoriamente con la realidad.

Los puentes de Wilson, sus dibujos, maquetas, o fotomontajes, se centran en la descomposición de sus elementos y su percepción fragmentada, análoga a la que tenemos, por ejemplo, de la ciudad.

Su proyecto para París, el *Pont des Arts*, se descompone en distintos fragmentos que definen las distintas funciones que determina un supuesto programa. El tramo central se desarrolla como una estancia sobre el agua, mientras los extremos, diseñados como vigas metálicas, identifican el paso desde la orilla a la plataforma. Cada fragmento, la torre biblioteca por ejemplo, puede a su vez ser estudiado aislado y descompuesto, enriqueciendo lo que nos parecía elemental. Incluso el reflejo sobre el agua, tantas veces tratado como un mero espejo que permite intuir el trasdós de una estructura nunca entendida desde arriba, se convierte en los dibujos de Wilson, en un fragmento más, esclarecedor de la naturaleza del puente.

En el trabajo que aquí presentamos, la metáfora sobre fragmentación y programa es llevada hasta el extremo de diseñarse una estructura imposible de ser vista y usada como tal.

De hecho, su único puente construido, el *Translucent Bridge*, no puede cruzarse.

El puente consiste en dos vigas metálicas sobre un apoyo, sobre ellas un armazón de madera que sostiene dos pantallas traslúcidas entre un pavimento de tablones. A medio camino un cuchillo con púas impide el paso obligando a detenerse y volver atrás.

Lo importante en el puente no es su uso, sino su materialización. Pensar y construir es en este caso tan importante que, al desaparecer la función, por otro lado obvia, permite apreciar el objeto por sí mismo.

The bridge is, together with the boat, one of the recurring figures in the personal imagery of Peter Wilson. For Wilson, the interest of the bridge is rooted in its potent autonomy, which is capable of supporting its own meanings and interpretations with no need to measure itself against reality.

Wilson's bridges, like his drawings, models and photomontages, are all centred on the deconstruction of their elements and their fragmented perception, analogous to our perception of the city, for example.

His project for Paris, the Pont des Arts, *is broken up into a series of fragments which define the different functions determined by the envisaged programme. The central section is developed as a space over the water, while the extremes, designed as metal trusses, identify the crossing from the bank to the deck. Each fragment, the library-tower for example, can be broken up, isolated and studied on its own, enriching the reading of the seemingly elemental. Even the reflection on the water, so often treated merely as a mirror which affords a view of the underside of a structure that is never seen from above, is converted in Wilson's drawings into yet another fragment, helping to clarify the nature of the bridge.*

In the project presented here, the metaphor concerning fragmentation and programme is carried to the extreme of designing an impossible structure which is to be seen and used as such.

In fact, Wilson's only constructed bridge, the Translucent Bridge, *can not be crossed.*

This bridge consists of two metal beams resting on a single support; laid on top of these is a timber structure that supports two translucent screens in the pavement of boarding. Half way across, a serrated blade blocks the path, obliging the user to stop and turn back.

What is significant about the bridge is not its use, but its materialization. To think and construct is in this case so important that, as the function disappears, it is easier to appreciate the object in itself.

Translucent Bridge

El puente construido.
The completed bridge.

Planta y alzado.
Plan and elevation.

Pont des Arts

Maqueta de un fragmento.
Model of part of the bridge.

El puente en su entorno.
The bridge in its surroundings.

Puente en Ross's Landing Chattanooga, Tennessee, Estados Unidos. 1991
   Site arquitectos

Bridge in Ross's Landing Chattanooga, Tennessee, United States. 1991
   Site architects

Desde sus inicios en los años setenta, el trabajo del grupo Site se ha relacionado muy directamente con el movimiento *pop*.

En sus trabajos, Site suele operar a través de la descontextualización de objetos cotidianos.

La rotura de una pared, o un pliegue de ésta, se convierten en la puerta de un supermercado; el logotipo de una marca comercial construye la fachada de su edificio más representativo; o una cabaña acogedora deviene en un restaurante de autopista.

La arquitectura irónicamente desmaterializada nos revela acontecimientos que de otra manera no se percibirían como tales.

En el proyecto que aquí presentamos, un parque y una plaza en Ross's Landing, se intenta explicar el lugar de la ciudad sobre el que se actúa materializando episodios significativos de su historia en una serie de bandas construidas con distintos materiales.

Operando de manera análoga a los proyectos anteriores, el terreno se desmaterializa, abriéndose y mostrando su interior, o bien plegándose y elevándose como un puente.

Construidos como cintas de terreno que se levantan, estos puentes se convierten en fragmentos de parques o plazas, pero también en montañas que descubrimos al verlas fuera de su lugar habitual.

La figura puente, el salto y su singularidad, hacen posible su percepción. La oportunidad del recurso tiene, sin duda, mucho que ver con la provocación y la participación buscadas desde las opciones artísticas que les sirven de base.

The work of the Site group has, since its beginnings in the seventies, been very directly related to the Pop movement.

In their work, the Site architects frequently address the decontextualisation of everyday objects.

A break in a wall, or a folding of its fabric, is converted into the entrance to a supermarket; the corporate logo of a retail firm serves to construct the facade of its most representative building; an inviting cabin becomes a motorway restaurant.

Dematerialized in this way, the architecture reveals aspects that might otherwise have remained unnoticed.

In the project shown here, a park and a square in Ross's Landing, the basic concern is with explaining the part of the city being worked on, materializing significant moments in its history as a series of bands constructed of different materials.

Proceeding here in a manner analogous to previous projects, the terrain is dematerialized, opening up and revealing its interior, or even folding back on itself and lifting up like a bridge.

Constructed as strips of ground that have been raised up, these bridges are transformed into fragments of parks or squares, but also into hills that we discover when we see them out of context.

The figure of the bridge, the leap and its singularity make its perception possible.

The effectiveness of this strategem is undoubtedly related to the provocation and participation sought from the artistic options that constitute its basis.

Sección transversal.
Transverse section.

Entrada al parque.
El suelo se levanta y construye el puente, pero también es una puerta de entrada al parque.

Entrance to the park.
The paving rises to form the bridge, at the same time generating a gate giving access to the park.

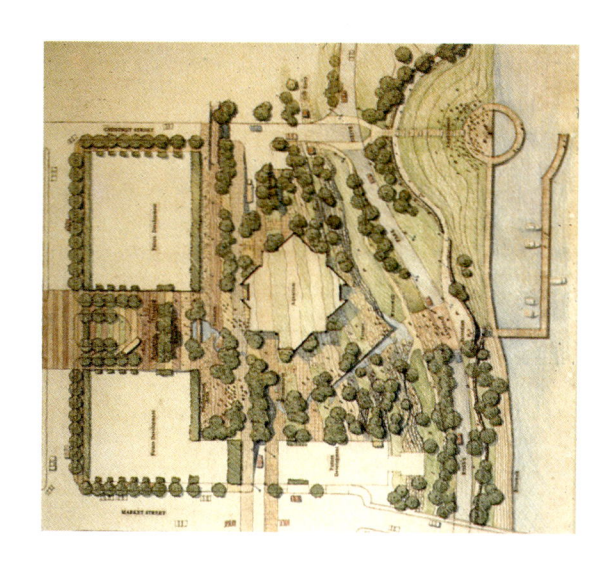

Emplazamiento.
Situation.

Vistas generales.
La superposición de bandas crea un nuevo paisaje en el que los valores formales se muestran en toda su ambigüedad. Los suelos se convierten en techos, pero también en montes, a los que el visitante puede ascender para contemplar el parque.

General views.
The overlaying of different bands creates a new landscape in which the formal values reveal themselves in all their ambiguity. Stretches of paving become roofs, and also hills from which the visitor can contemplate the park.

Detalles del pavimento.
El suelo se desmaterializa de manera casi textualmente, dando lugar a los diferentes episodios del parque.

Details of the paving.
The paving almost literally dematerializes to give rise to various different episodes within the park.

105

Detalles de la construcción.
La complejidad de la construcción revierte finalmente en una imagen sencilla y casi literal de la analogía.
Details of the construction.
The complexity of the construction ultimately reverts to a simple and almost literal image of analogy.

107

Puente sobre el río Sil Ponferrada, León, España. 1983
   Andrés Lozano arquitecto

Bridge over the river Sil *Ponferrada, León, Spain. 1983*
   Andrés Lozano architect

El puente que Andrés Lozano propone para el río Sil tiene su punto de partida, y su referente más directo, en los valores históricos de la ciudad en que se construye: Ponferrada, que precisamente toma su nombre de las cualidades materiales de un antiguo puente ya desaparecido.

A partir de ahí, el objetivo se centra, a través del rigor formal y compositivo y usando los materiales más adecuados: piedra, hierro, etc., en obtener una nueva estructura, reconocible y emblemática, pero a la vez ligada a la tradición formal de la ciudad.

El tablero, que se construye en acero, se divide en dos secciones distintas. La central y más ancha que soporta el paso de vehículos, suplementa el fino tablero con unas vigas metálicas que se apoyan sobre un armazón de puntales y tornapuntas de acero rigidizados por bloques de hormigón. Los laterales vuelan desde la sección central y se apoyan en los extremos de cada tramo sobre pilas y estribos de hormigón.

Las pilas sobrepasan el tablero, enmarcando el paso y rigidizando la cubierta metálica que, sostenida sobre puntales metálicos, protege el paso peatonal. La trabazón metálica hace referencia a estructuras similares en madera, propias de países con tradiciones y climatología análogas. Las pilas del paso peatonal y los estribos se revisten de piedra del lugar.

The bridge which Andrés Lozano designed for the river Sil takes as its point of departure and its most immediate reference the historic character and values of the town in which it stands. The name Ponferrada is derived precisely from the iron used in the construction of an old bridge no longer in existence.

From this starting point, the objective is approached on the basis of formal and compositional restraint and the use of the most appropriate materials; stone, iron and so on are combined to obtain a new and clearly identifiable emblematic structure that nevertheless retains its links with the formal tradition of the historic town.

The deck, constructed in steel, is divided into two distinct sections. The structure of the wider central section, which carries the traffic lane, supplements the relatively thin deck with metal beams supported on a grid of steel posts and struts strengthened by concrete blocks. The sides cantilever out from the central section and are supported at the extremes of each stretch on concrete piers and butresses.

The piers pass through the deck, marking the crossing and strengthening the metal roof, which, resting on metal posts, protects the pedestrian lane. The metal joints make reference to analogous timber structures, typical of countries with similar traditions and climate.

The piers and buttresses along the pedestrian route are faced with local stone.

El puente en su entorno.
El carácter formalmente historicista del puente, le permite integrarse en el entorno.

The bridge in its surroundings.
The historicism of the bridge's formal character facilitates its integration into its surroundings.

El puente desde el río.
El ritmo de las pilas define la escala del puente respecto al río y a la ciudad.

The bridge from the river.
The rhythm of the piles defines the scale of the bridge in relation to the river and the city.

Alzado.
Elevation.

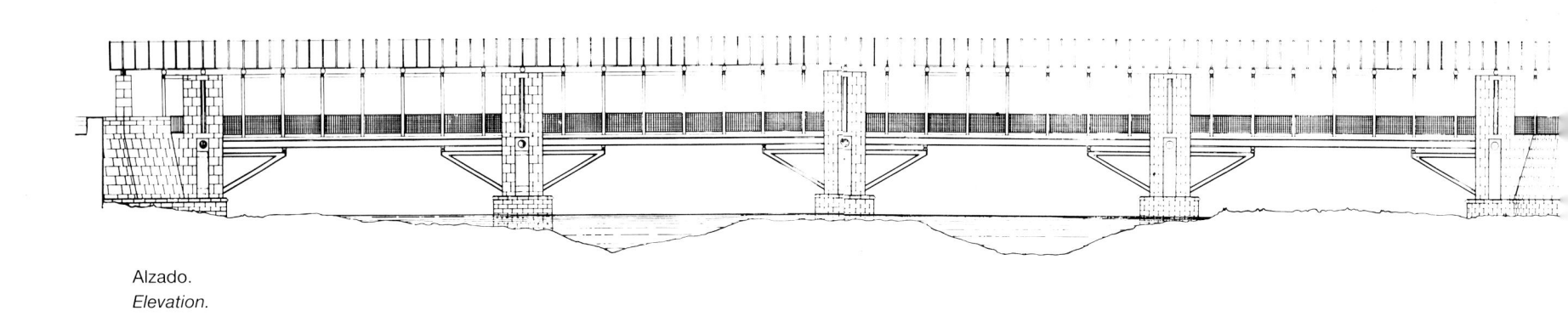

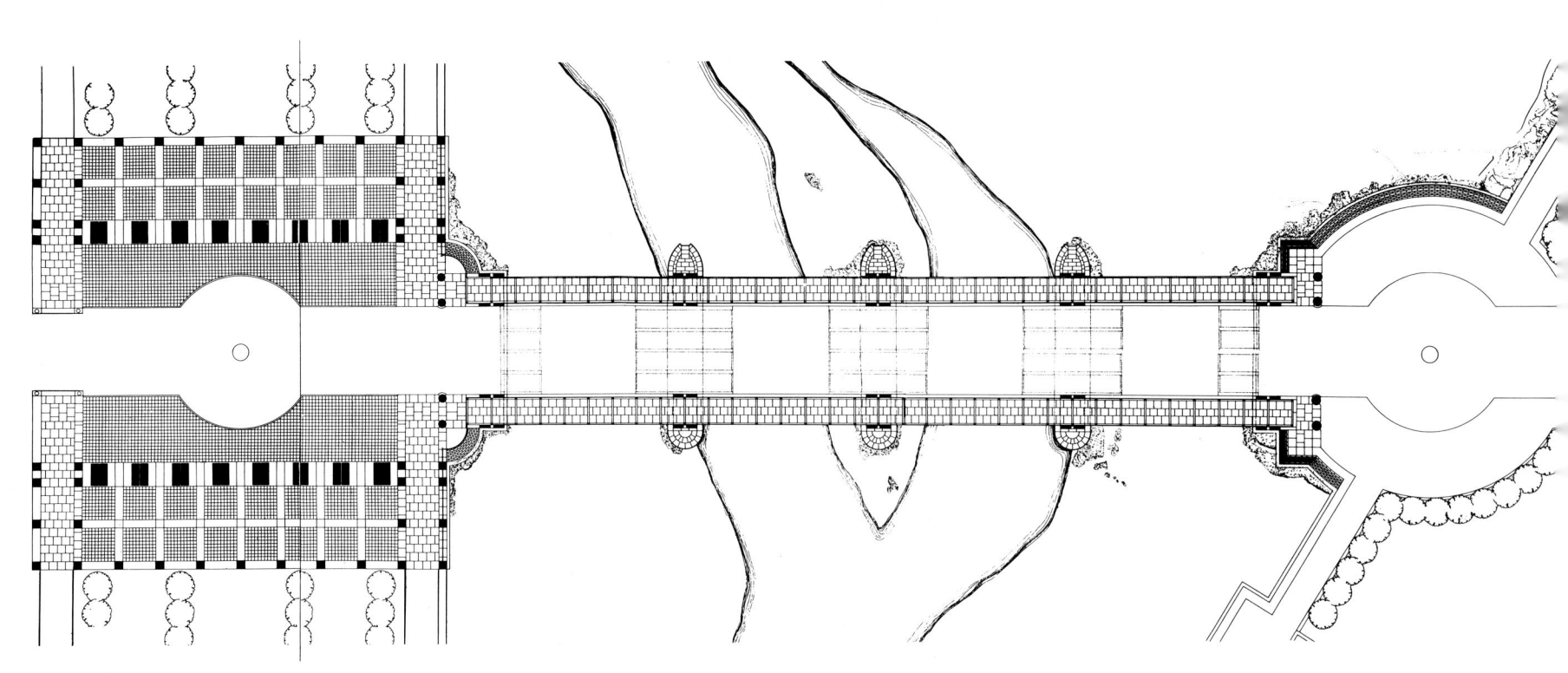

Planta.
Plan.

110

Detalles del estribo.
El encuentro del tablero con los márgenes del río se resuelve desde la comprensión fragmentaria de cada uno de los episodios del puente, pila, cubierta y estribo.

Details of the pier.
The meeting of the deck with the banks of the river is resolved through the fragmentary inclusion of each of the bridge's episodes, the piling, the roof and the pier.

112

Vista del interior.
La cubierta del paso peatonal convierte el puente en un lugar con carácter arquitectónico propio.
View of the interior.
The roof of the pedestrian walkway gives the bridge an architectural character of its own.

Construcción y disciplina
Construction and discipline

Puente para ferrocarril sobre la vega baja del río Guadalquivir Sevilla, España, 1992
José Antonio Fernández Ordóñez, Julio Martínez Calzón ingenieros

Railway bridge over the flood plain of the river Guadalquivir Seville, Spain, 1992
José Antonio Fernández Ordóñez, Julio Martínez Calzón engineer

El puente que presentamos de José Antonio Fernández Ordóñez y Julio Martínez Calzón, se extiende sobre la vega baja del Guadalquivir, dando continuidad a la línea Madrid-Sevilla del recientemente construido tren de alta velocidad, AVE.

Su construcción, se planteó como alternativa a un trazado sobre terraplén que, aunque más económico, hubiera significado una obstrucción en la estructura territorial de la vega baja.

Planteado así, el puente debía asumir un mínimo coste en su construcción, por ello se optó desde el principio por una solución basada en la prefabricación.

Fernández Ordóñez, que compagina su actividad profesional como proyectista de puentes con una labor docente y una continua reflexión sobre su obra y el sentido de los parámetros técnicos y culturales que intervienen en ella, ha distinguido en su trabajo de análisis dos "maneras" de entender la construcción. La primera, relacionada con el trabajo sobre el mismo lugar, identificaría tracciones y compresiones con el material capaz de resolverlas en modo más adecuado pero manteniendo la total continuidad en la comprensión de la obra. El ejemplo más significativo serían las construcciones romanas, puentes y acueductos.

La segunda correspondería a las construcciones adinteladas, más relacionadas con procesos de prefabricación. Su ejemplo sería la construcción griega de templos.

El puente sobre la vega baja se plantea según esta segunda manera, es decir, como un conjunto de piezas prefabricadas que se componen en obra. Así, columnas y dinteles construyen, sin fin, el largo trazado del ferrocarril. Las proporciones del dintel, 4,60 m de canto, permiten ocultar parte del ferrocarril y servirle de guardabarrera. La distancia entre pilares, entre 23 y 40 m explota al máximo las posibilidades de prefabricación y transporte de vigas. Las referencias clásicas en el moldurado de las piezas, permiten resolver problemas de proporción tanto del pilar como del dintel arquitrabe.

This bridge by José Antonio Fernández Ordóñez and Julio Martínez Calzón extends across the flood plain of the river Guadalquivir, carrying the recently completed Madrid-Seville AVE high-speed train line.

The construction of the bridge was proposed as an alternative to a route over ground infill, which would have been less costly, but would have created an obstruction within the territorial structure of the plain.

Because of this, the cost of constructing the bridge had to be kept as low as possible, and the solution was accordingly based from the outset on prefabrication.

Fernández Ordóñez, who combines his professional activity as a bridge designer with teaching and a continuing reflective analysis of his work and the significance of the technical and cultural parameters which intervene in it, has identified two "manners" of understanding construction. The first of these, relating to the process of working with the site, sets out to match the forces of tension and compression with the material capable of resolving them in the most adequate way, while maintaining an overall continuity in the comprehension of the work. The most significant example would be Roman bridge and aqueduct construction.

The second "manner" corresponds to lintelled constructions, more closely related to processes of prefabrication. Its example would be the construction of Greek temples.

The bridge over the plain is designed in terms of the second type, as a series of prefabricated sections which are assembled on site. In this way, columns and lintels continuously construct the long route of the railway line. The proportions of the lintel, 4.6 m deep, permit the concealment of part of the railway line and serve as a barrier. The distance between pillars, ranging from 23 to 40 m, exploits the possibilities of prefabrication and transport of the beams to the maximum. The classical references in the casting of the sections permits the resolution of problems of proportion in both the pillar and the lintel architrave.

El puente atravesando la vega baja.
Dada la poca flexibilidad del trazado, tanto en planta como en longitudinal, del Tren de Alta Velocidad, el tablero se diseña prácticamente horizontal, siendo los pilares quienes modifican su altura para adaptarse al terreno.

The bridge crossing the flood plain.
In view of the lack of flexibility of the trajectory of the TAV high-speed train, both in plan and longitudinally, the deck was designed to be almost perfectly horizontal, with the height of the pillars adapting to the topography.

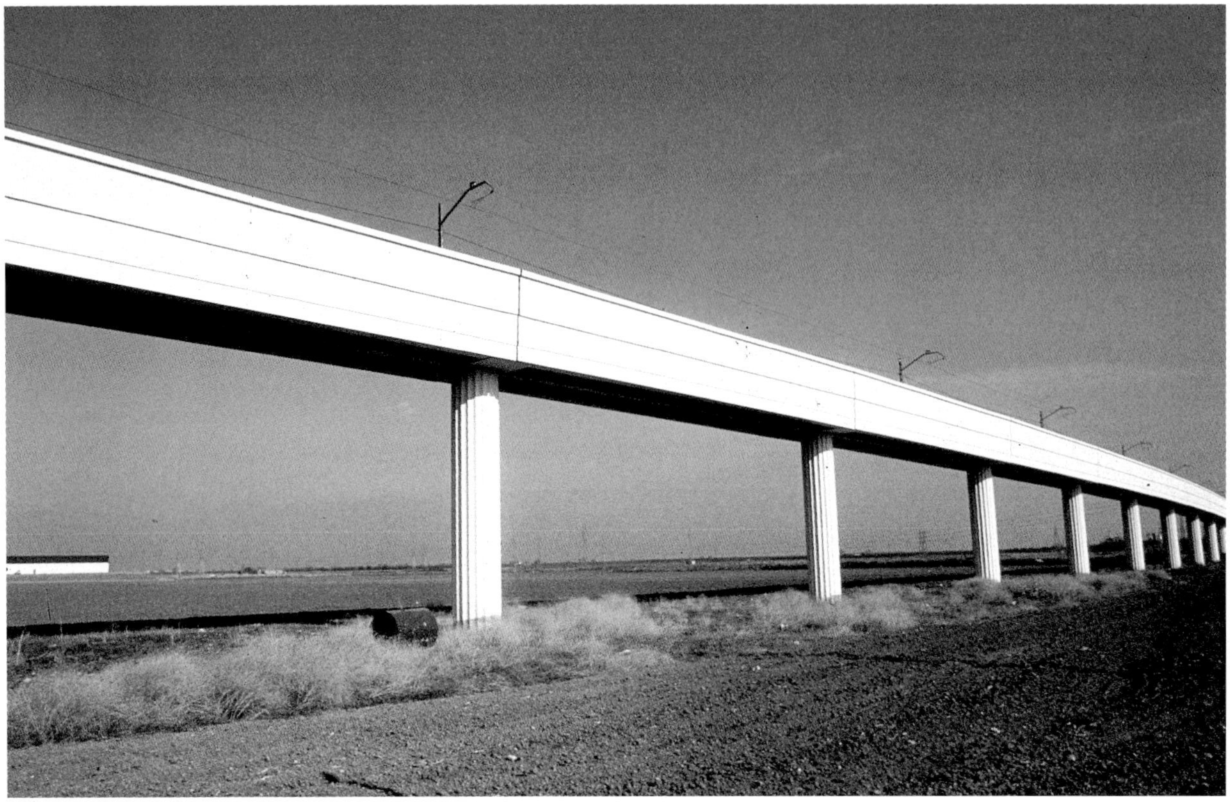

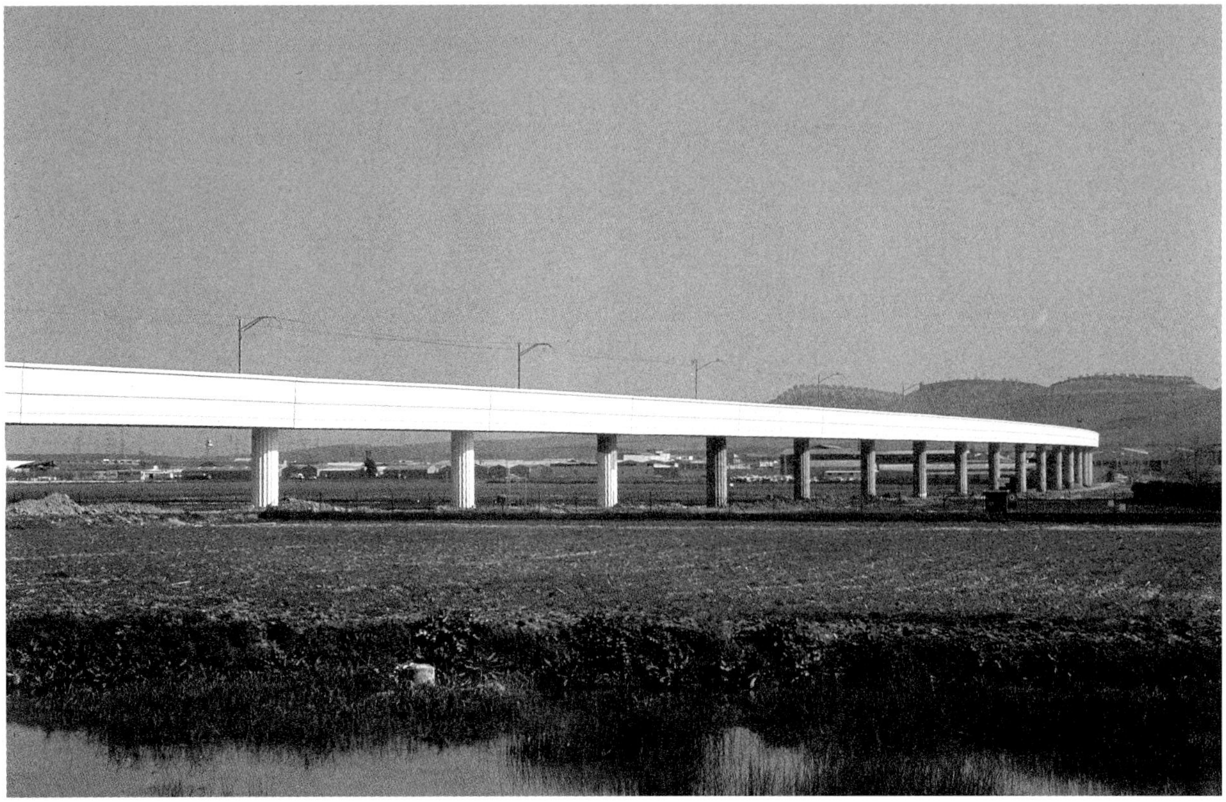

El puente en construcción.
The bridge during construction.

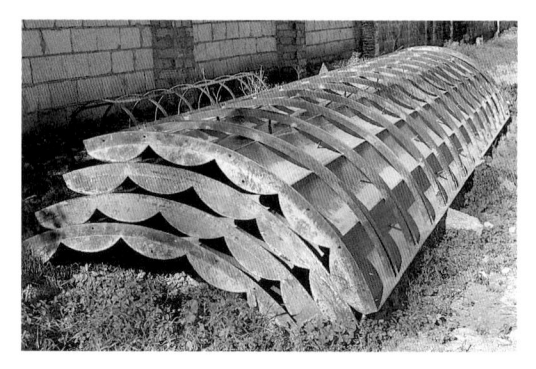

Los moldes de encofrado de los pilares.
The coffering of the pillars.

La instalación de las vigas sobre los soportes.
Pilar y capitel se construyeron sobre el lugar, mientras que las vigas fueron moldeadas en taller y posteriormente instaladas en obra.
The positioning of the girders on the supports.
Pillars and capitals were constructed on site, while the girders were formed in the factory and placed in position.

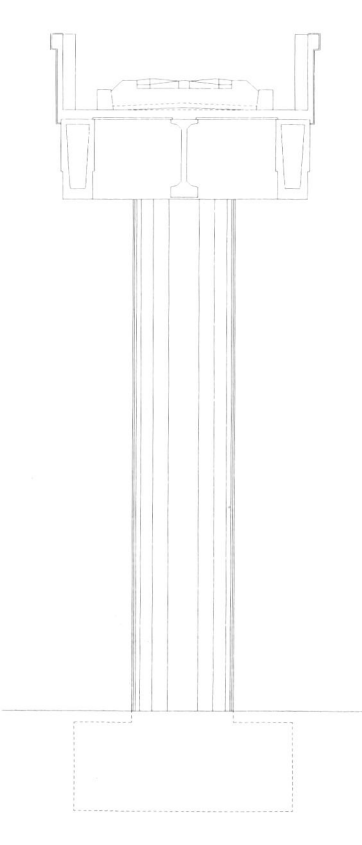

Un pilar con su capitel.
A pillar and its capital.

Sección transversal.
Transverse section.

Vista del puente en escorzo.
Tanto el pilar como la imposta, se estrían, en una clara referencia historicista.
A foreshortened view of the bridge.
Both the pillar and the impost are fluted, evoking historical allusions.

Pasarela sobre la Avenida 24 de Julio Lisboa, Portugal. 1993

Eduardo Souto de Moura arquitecto. Colaborador: Luis Durão, ingeniero

Footbridge over the Avenida 24 de Julio *Lisbon, Portugal. 1993*

Eduardo Souto de Moura architect. In conjunction with: Luis Durão, engineer

En la memoria que acompaña los planos del proyecto de la pasarela sobre la Avenida 24 de Julio, en Lisboa, su autor Eduardo Souto de Moura dice: "diseñar un puente debería ser un ejercicio obligatorio en las escuelas de Arquitectura. Pienso que no debe haber otro tipo de construcción que exija tanto rigor, coherencia y depuración".

El rigor como opción personal permite, tanto ordenar el pensamiento, cuanto dominar su materialización. Implica, desde este punto de vista, claridad y simplicidad tanto en el trazado de la solución adoptada, como en su resolución estructural y constructiva.

Para que esta actitud frente al trabajo sea efectiva es necesario un estudio estricto y detallado de los aspectos más generales que la harán posible.

La pasarela de Souto de Moura parte de la dificultad de resolver una implantación en la que los extremos a relacionar presentan una importante diferencia de cota.

La solución no se plantea a través de la adición de elementos a la propia disciplina o de la deformación de alguna de sus partes, sino mediante la identificación de los diferentes elementos que lo componen y su colocación respecto al conjunto.

Así, las escaleras, necesarias para resolver el desnivel, se identifican como soportes, evitando una ineficaz simetría y permitiendo a su vez la horizontalidad del tablero. Éste, al superar en dimensión la posición de las escaleras, muestra su independencia.

La clara identificación de cada elemento, permite su exacto dimensionado y construcción: el tablero como dintel apoyado, las escaleras como soportes en ménsula.

La pasarela se construye en acero mediante perfiles normalizados, con acabados en madera.

In the report which accompanied the drawings for the project of the bridge over the Avenida 24 de Julio in Lisbon, the architect Eduardo Souto de Moura observes that "designing a bridge should be a standard exercise in every architecture school. I think there can be no other construction which demands such rigour, coherence and purification".

Rigour, as a personal option, permits both the effective ordering of the idea and the control of its material realization. From this point of view, it implies clarity and simplicity, as much in the layout of the adopted solution, as in the resolution of its structure and construction.

To be fully effective, this approach to the project calls for a strict and detailed study of the most general factors which will make it possible.

Souto de Moura's footbridge takes as its point of departure the difficulty of resolving a siting in which the two extremes to be related present a considerable difference in level.

The solution is not developed through the addition of elements to the discipline itself or through the deformation of certain of its parts, but rather through the identification of the different elements which compose it and their situation with respect to the overall composition.

Accordingly, the stairs, made necessary by the difference in level, are identified as supports, avoiding an inefficient symmetry and in turn permitting the horizontality of the deck. which thus displays its independence by clearly exceeding the dimension of the stairs.

The clear identification of each element permits an exact dimensioning and construction: the deck as a raised lintel, the stairs as corbelled supports.

The footbridge is constructed of standard steel sections, with finishes in timber.

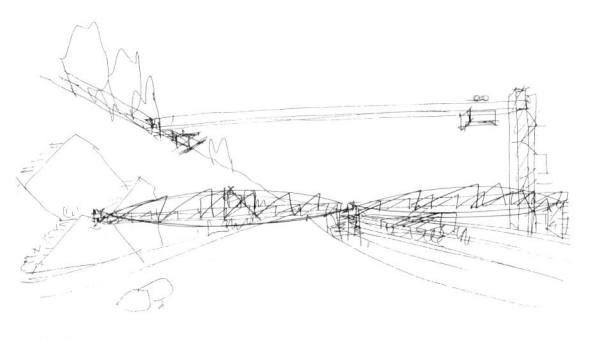

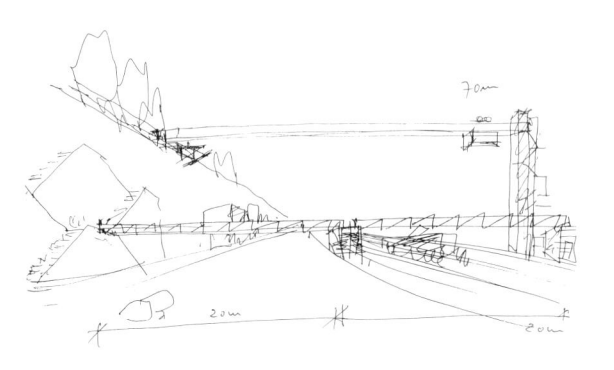

Croquis iniciales.
La relación con el transbordador determina la geometría de la pasarela.
Initial sketches.
The relationship with the ferry determines the geometry of the footbridge.

Fotomontaje de la pasarela vista desde la Avenida.
La pasarela resuelve su implantación desde la horizontalidad del trazado del tablero.

Photomontage of the footbridge seen from the Avenida.
The footbridge resolves its siting on the basis of the horizontal trajectory of the deck.

Emplazamiento.
Situation.

Planta y alzado.
Plan and elevation.

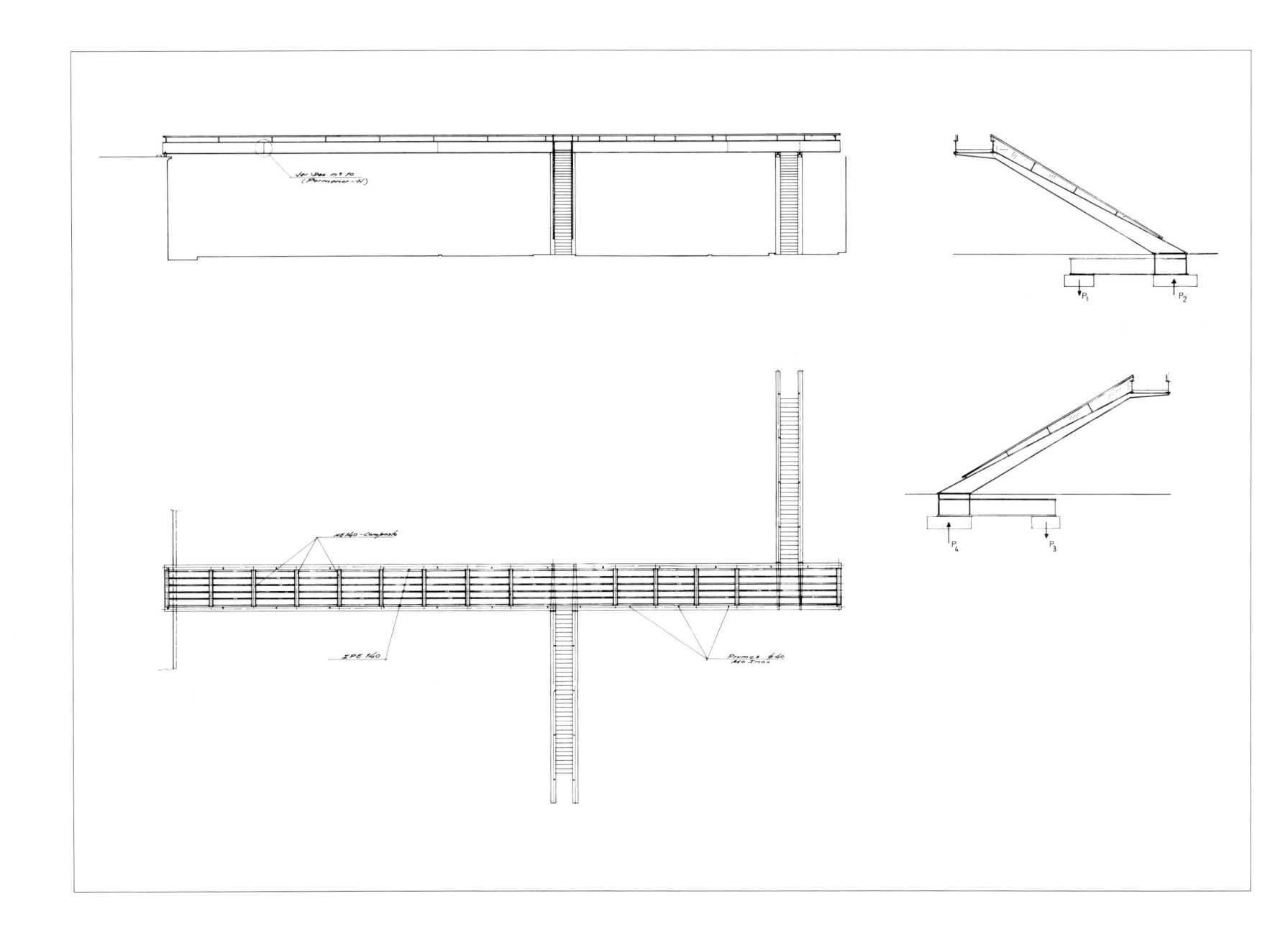

Detalles escalera.
Las escaleras se diseñan estructuralmente como ménsulas, que ancladas al suelo, sirven a su vez como soporte del tablero.

Details of the stairs.
The stairs are designed with a corbelled structure, with the corbels being anchored to the ground to support the deck.

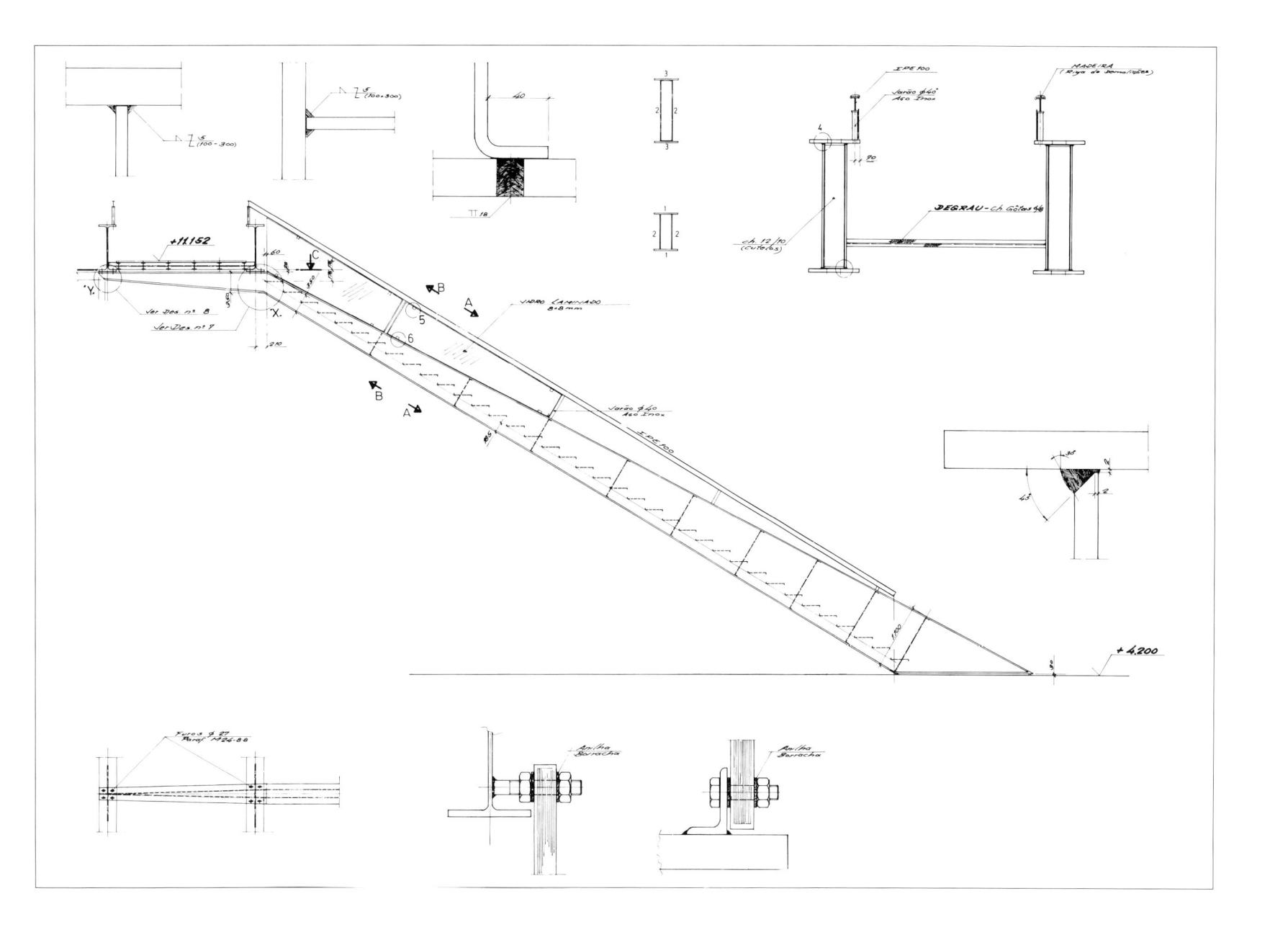

Puente Yunokabashi Ashikita-cho, Kumamoto, Japón. 1991
  Waro Kishi + K. Associates arquitectos. Colaborador: Urban Design Institute, estructura

Yunokabashi footbridge *Ashikita-cho, Kumamoto, Japan. 1991*
  Waro Kishi + K. Associates architects. In conjunction with: Urban Design Institute, structural project

Esta pasarela diseñada por Waro Kishi resuelve el cruce de un río cuyos márgenes se encuentran a diferente cota.

La principal decisión, que convoca al resto de resoluciones, es la de situar el nivel de la pasarela a una cota intermedia entre ambos márgenes y mantenerla completamente horizontal.

Así, su construcción puede realizarse desde un rigor estructural y compositivo propios, atendiendo tan sólo a sus exclusivos requerimientos. Tablero, barandilla y pavimento son diseñados con precisión excepcionales.

La entrega con los márgenes es delegada a otros elementos ajenos a la disciplina del puente como muros, escaleras o rampas. Estos elementos son a su vez capaces no solo de solucionar los accesos al puente sino también de adecuar y construir el lugar donde se asienta como espacio público en sí mismo.

This footbridge by Waro Kishi resolves the crossing of a river whose two banks are of different heights.

The main design decision, from which all the others follow, was to site the bridge at an intermediate level between those of the two banks and to maintain a completely horizontal line.

In this way, it was possible to construct the bridge on the basis of an integrated structural and compositional rigour, attending exclusively to its specific requirements. Deck, handrail and pavement are all designed with exceptional precision.

The meeting with the banks is presided over by elements distinct from the discipline of the bridge proper, such as walls, stairs or ramps. These elements in turn prove capable of resolving not only the accesses to the bridge, but also of adapting and remodelling the area in which it is situated as a public space in its own right

Emplazamiento.
Situation.

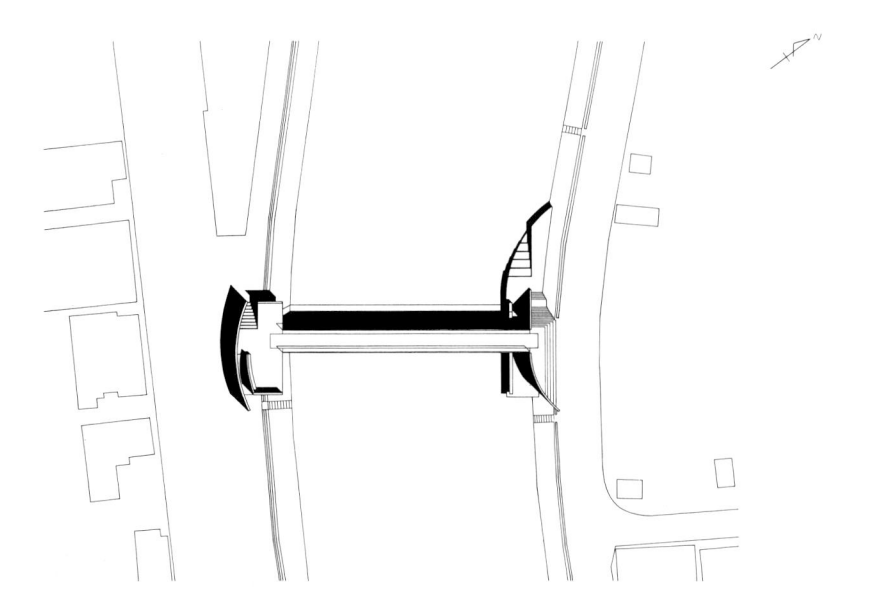

La pasarela en su entorno.
La diferencia de nivel entre los dos márgenes del río obliga a resolver el acceso a la pasarela mediante escaleras.

The footbridge in its surroundings.
The difference in level between the two banks of the river is resolved by means of the stairs that give access to the footbridge.

127

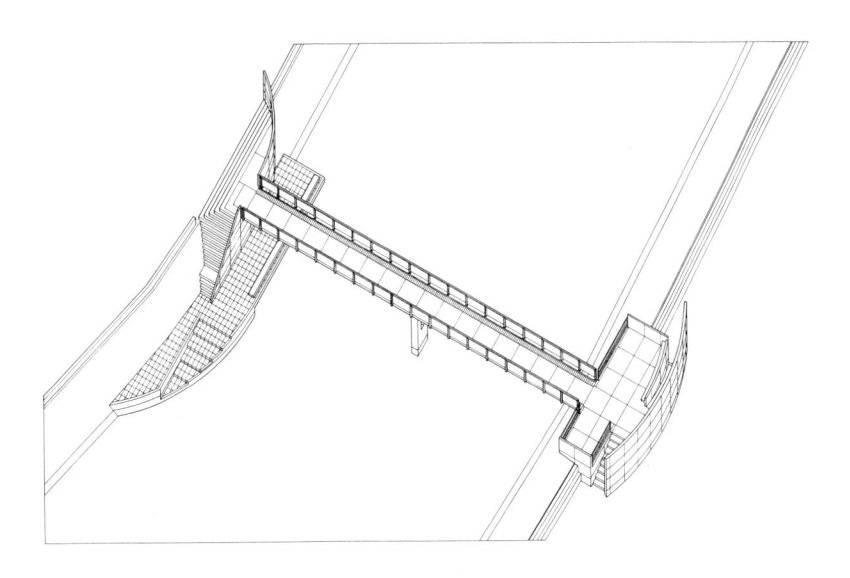

Axonometría.
Axonometric sketch.

La pasarela vista desde uno de los márgenes del río.
La pasarela tiende su tablero horizontalmente sobre el río.

The footbridge seen from one bank of the river.
The deck of the footbridge extends horizontally across the river.

128

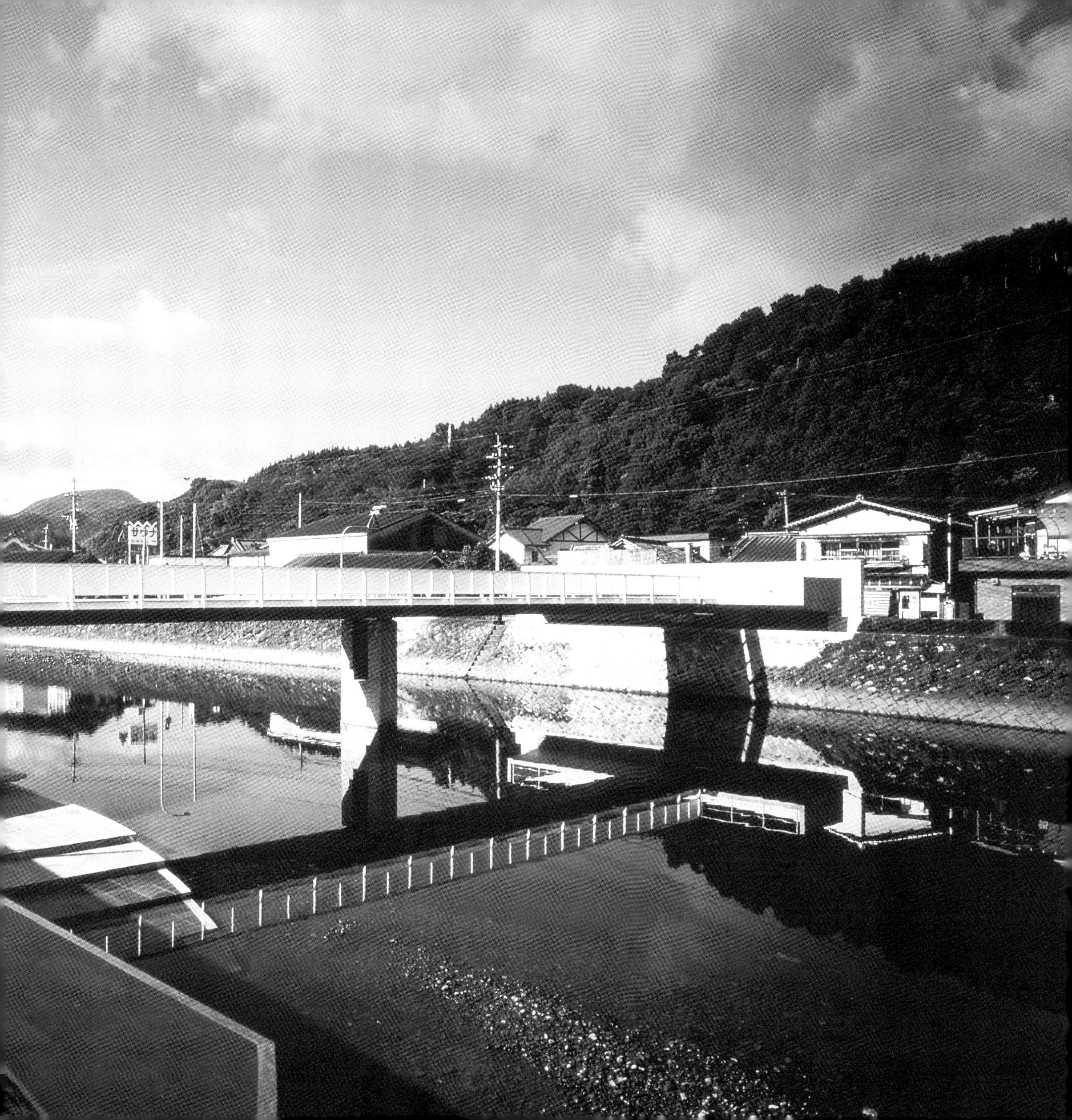

Detalle del paso inferior.
El paso inferior se resuelve como espacio público a través del mobiliario.
Detail of the underpass.
The underpass is laid out as a public space on the basis of the furniture.

Detalle constructivo.
Construction detail.

La pasarela vista desde el río.
The footbridge seen from the river.

Alzado.
Elevation.

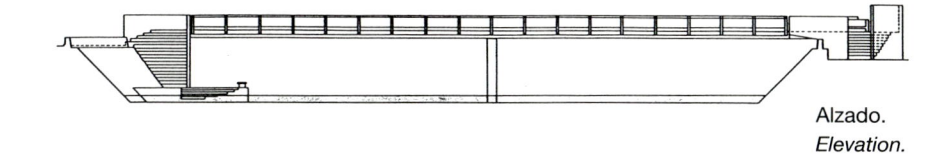

Acceso a la pasarela.
Los accesos a la pasarela y la relación en escala con el entorno.

Access to the footbridge.
The accesses to the footbridge and the relationship of scale with the surroundings.

Sección en perspectiva.
Sectional perspective.

El encuentro con el estribo.
The meeting with the pier.

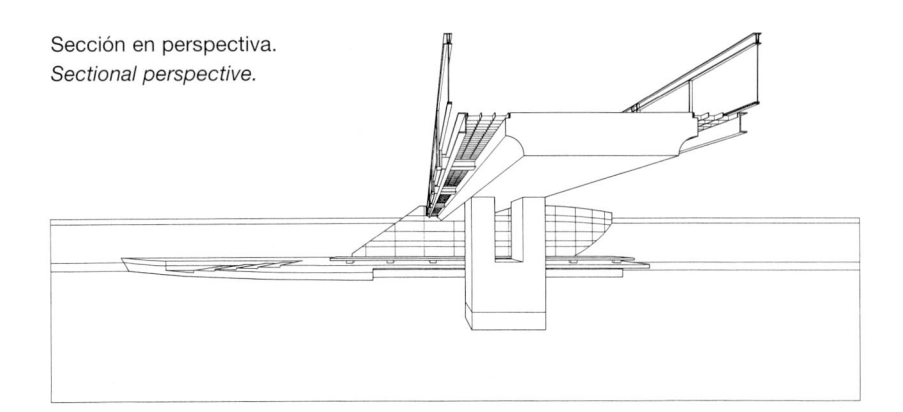

La pasarela iluminada.
The footbridge lit up at night.

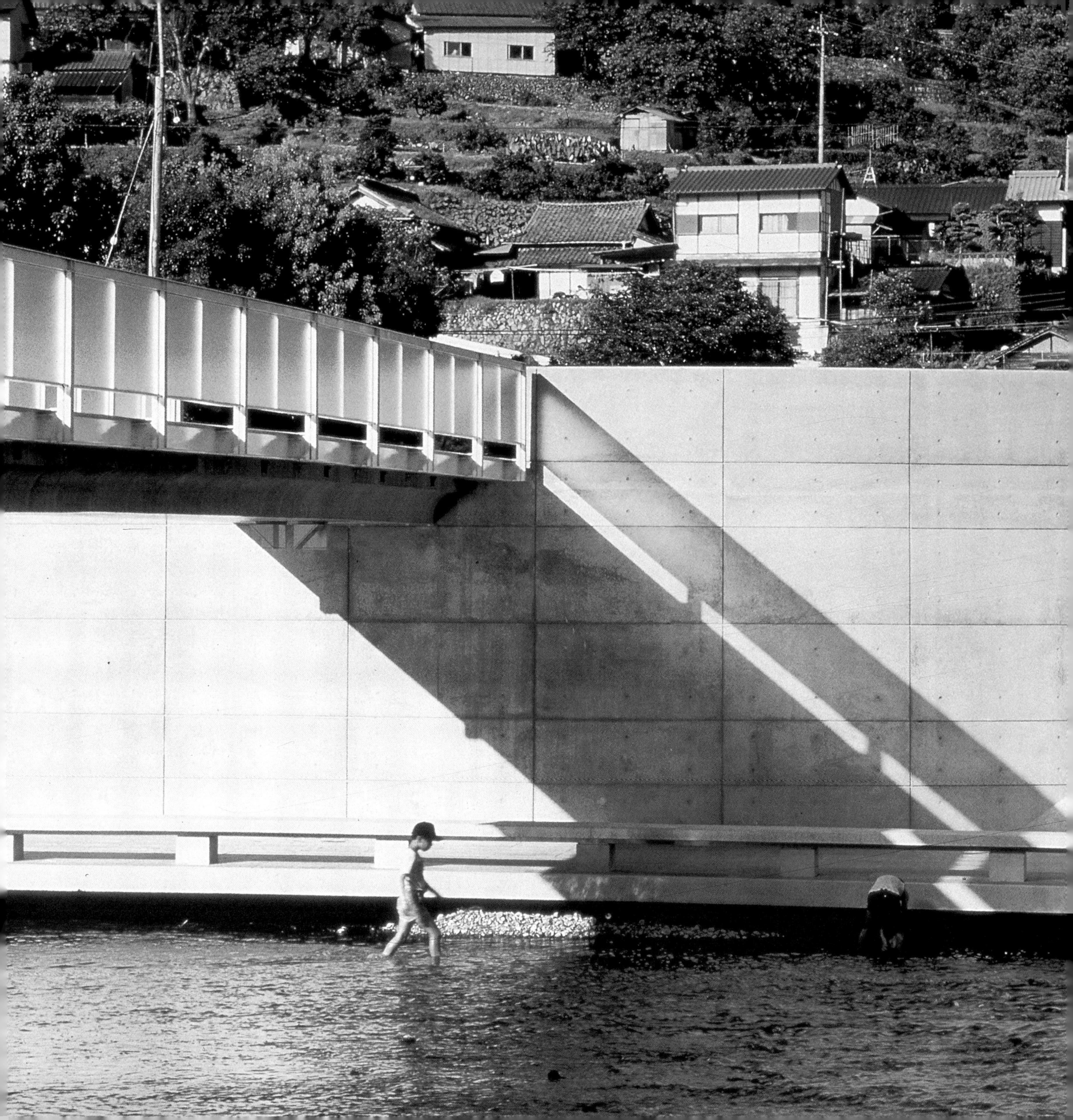

Pasarela sobre el río Spree Berlín, Alemania. 1991

Hans Kollhoff y Helga Timmermann arquitectos. Colaboradores: Andrés Martínez y Fritz Kollhoff

Footbridge over the river Spree *Berlin, Germany. 1991*

Hans Kollhoff and Helga Timmermann architects. In conjunction with: Andrés Martínez and Fritz Kollhoff

El rigor comporta a veces la necesidad de limitar la libertad de pensamiento a unos principios previamente escogidos.

Este tipo de valores, suelen comúnmente entenderse relacionados con la estructura y su construcción. Sin embargo, tener el rigor como línea fundamental de trabajo supone aplicarlo en todos los estadios del pensamiento, del proyecto y su materialización.

La pasarela sobre el río Spree, en Berlín, de Hans Kollhoff y Helga Timmermann, se plantea desde la búsqueda del rigor histórico en la descripción y disección de la tipología.

Así, la solución se concentra en la definición de cada elemento de la pasarela para individualizarlo estructuralmente, estableciendo las oportunas diferencias entre tablero, superficie de paso, estribo, intradós, etc. En todos los casos esta diferenciación es marcada por el uso de materiales y por estructuras y sistemas constructivos particulares, con lo que la pasarela acaba siendo un paradigma de sí misma.

De esta manera, y los planos lo explican con todo rigor, se especifican los estribos como elemento de gran potencia tectónica, construidos en hormigón y acabados en ladrillo, que soportan en su intradós una estructura metálica en forma de dintel.

La geometría que ordena el conjunto hace referencia al papel estructural del puente, llevado hasta sus últimas consecuencias en los elementos de iluminación.

Los valores históricos, desde el rigor de su implantación, designan y materializan el tipo constructivo.

Disciplinary rigour sometimes involves the necessity of constraining liberty of thought in line with previously determined principles.

This type of approach is frequently understood as being related to the structure and its construction. Nevertheless, if this rigour is adopted as a design procedure, it must be applied at all stages of the conception, design and material realization.

The footbridge over the river Spree in Berlin by Hans Kollhoff and Helga Timmermann presents itself as a search for historical rigour in the description and dissection of the typology.

Accordingly, the solution is concentrated on the definition of each element of the footbridge as structurally independent, establishing the appropriate differences between deck, crossing surface, pier, underside of the arch, and so on. In each case the differentiation is marked by the use of specific materials, structure and construction techniques, so that the bridge comes to constitute a paradigm of itself.

In this way, as we find so meticulously explained in the drawings, the piers are particularized as elements of great tectonic potential, constructed in concrete and faced with brickwork, the interior supporting a metal structure in the form of a lintel.

The geometry governing the overall composition makes reference to the structural role of the bridge, carried to its ultimate consequences in the lighting elements.

The historical values designate and materialize the construction typology on the basis of the meticulousness of its siting.

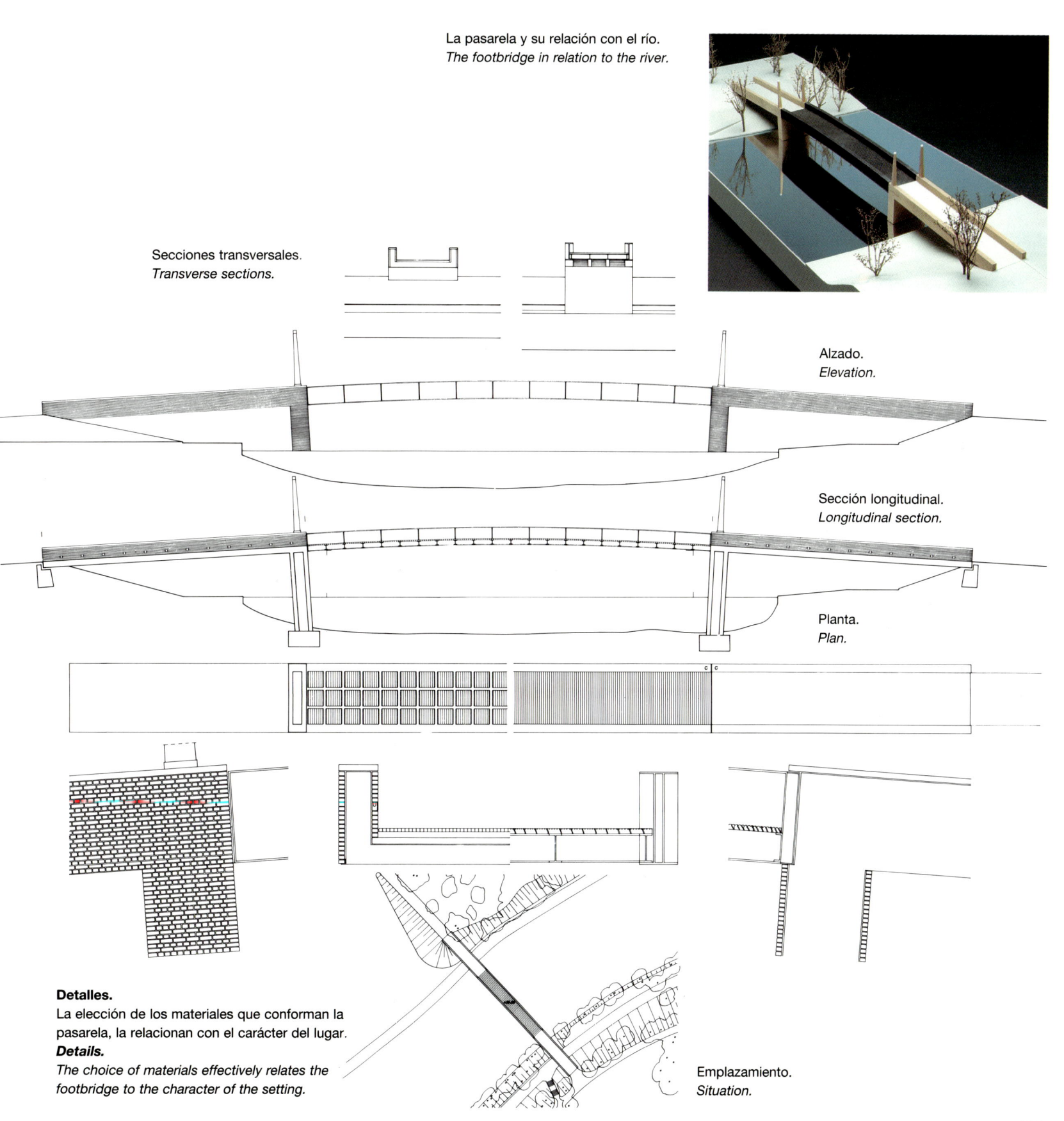

La pasarela y su relación con el río.
The footbridge in relation to the river.

Secciones transversales.
Transverse sections.

Alzado.
Elevation.

Sección longitudinal.
Longitudinal section.

Planta.
Plan.

Detalles.
La elección de los materiales que conforman la pasarela, la relacionan con el carácter del lugar.
Details.
The choice of materials effectively relates the footbridge to the character of the setting.

Emplazamiento.
Situation.

135

Pasarela de comunicación en el aeropuerto de Schiphol Amsterdam, Holanda. 1994
Benthem y Crouwel arquitecto e ingeniero. Colaboradores: ABT-DRV, ingeniería

Transit footbridge in Schiphol airport *Amsterdam, Holland. 1994*
Benthem and Crouwel architect and engineer. In conjunction with: ABT-DRV, engineers

Esta pasarela de Benthem y Crouwel forma parte de la ampliación del aeropuerto de Schiphol, en Amsterdam.

Su papel es el de unir el nuevo edificio de oficinas y la nueva terminal con el resto de instalaciones del aeropuerto, permitiendo a su vez futuras ampliaciones.

La pasarela está dotada de los pasos mecanizados necesarios para aliviar la longitud de los recorridos en el conjunto del aeropuerto. Sus dimensiones, longitud y altura de paso vienen determinadas por el edificio de la terminal.

El paso se construye desde la sección transversal que, extrusionándose, conforma la pasarela en toda su longitud. En los extremos la sección se interrumpe, confiando su unión a pequeños módulos acristalados de sección rectangular.

La sección transversal se diseña asimétricamente abriéndose hacia los aviones y cerrándose respecto a los aparcamientos.

Esta asimetría permite organizar el interior en dos secciones: pasos, hacia la ventana, y publicidad e información general al otro lado.

Asimismo, la estructura se hace eco de esta decisión, situando los apoyos desplazados respecto al tablero y equilibrando la ménsula con un tirante que da continuidad formal a la cubierta y al cerramiento lateral.

Esta continuidad, que se manifiesta en el material de cerramiento, da al conjunto una escala superior más cercana a un elemento infraestructural que a un edificio.

This footbridge by Benthem and Crouwel forms part of the extension of Schiphol airport in Amsterdam.

Its function is to link the new office building and terminal to the other installations of the airport, while allowing for future extensions.

The footbridge is equipped with the mechanical walkways necessary to alleviate the length of the route within the airport. Its dimensions, length and headroom were determined by the terminal building.

The route is constructed by extruding the cross section to form the entire length of the footbridge. The section is interrupted at the extremes, entrusting the junction to small, glazed modules of rectangular section.

The cross section has an asymmetrical design, opening out towards the runways and closed off towards the car park.

This asymmetry permits the organization of the interior in two sections: transit areas next to the windows, and advertising and general information on the opposite side.

In the same way, the structure echoes this decision, displacing the supports in relation to the deck and balancing the bracket with a cable which gives formal continuity to the roof and lateral enclosure.

This continuity, manifested in the walling materials, endows the complex with a greater scale, closer to that of an infrastructural element than that of a building.

La pasarela vista desde la zona de aparcamiento.
La pasarela se cierra respecto a la zona de aparcamiento.

The footbridge seen from the car park.
The footbridge is closed off from the car park.

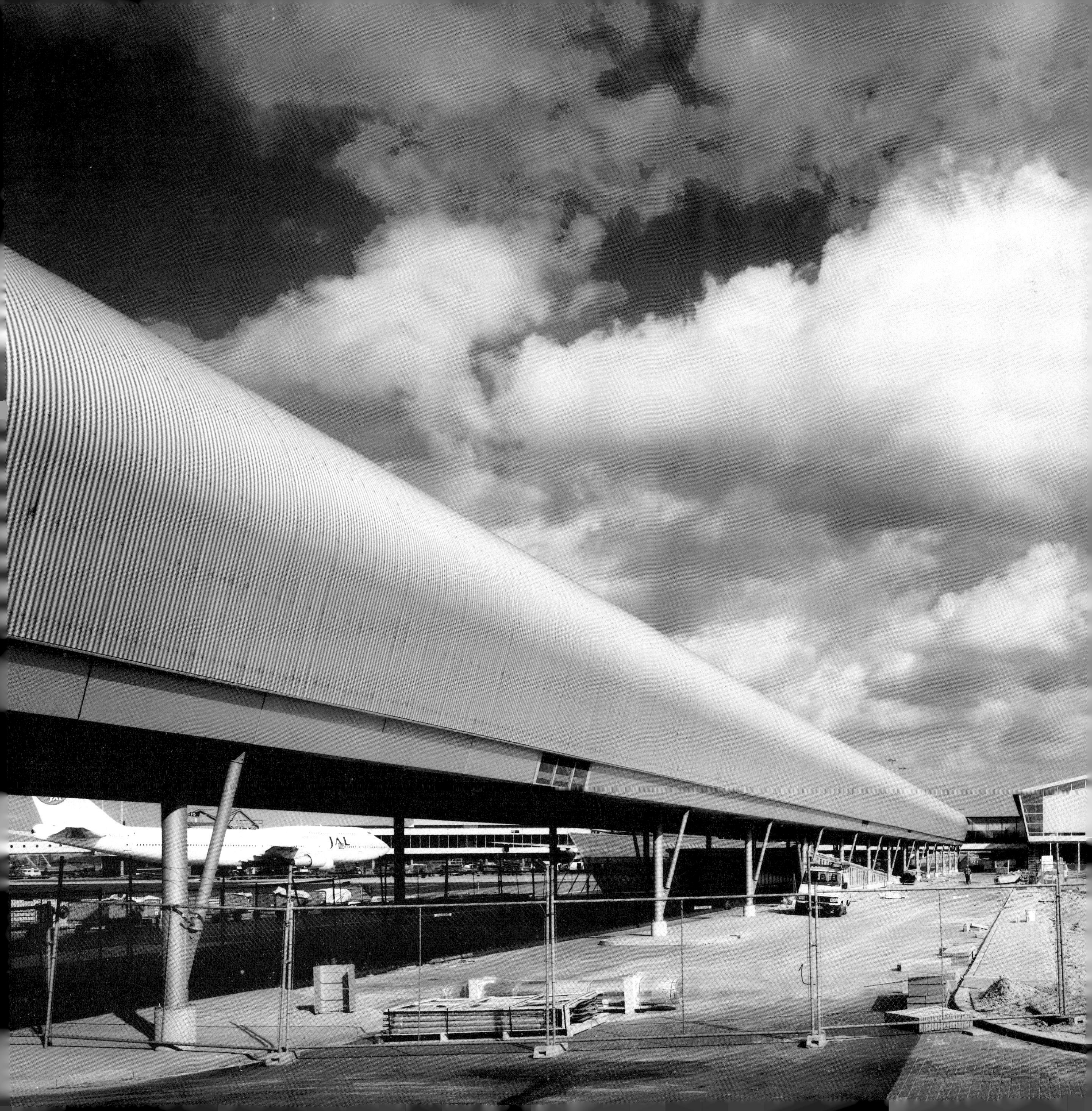
JAL

La pasarela iluminada.
The footbridge lit up at night.

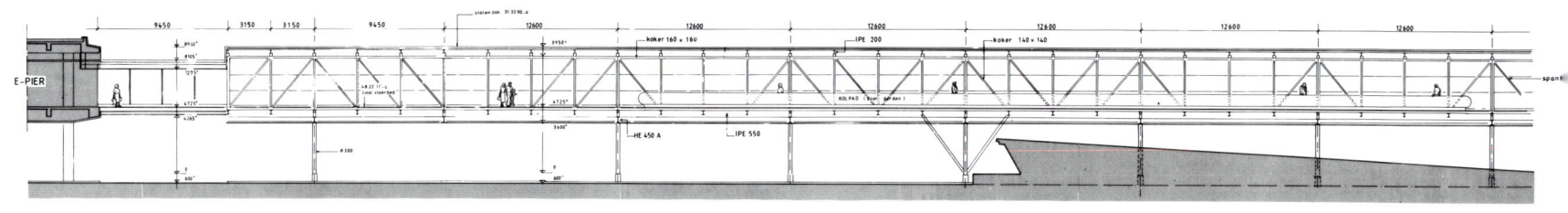

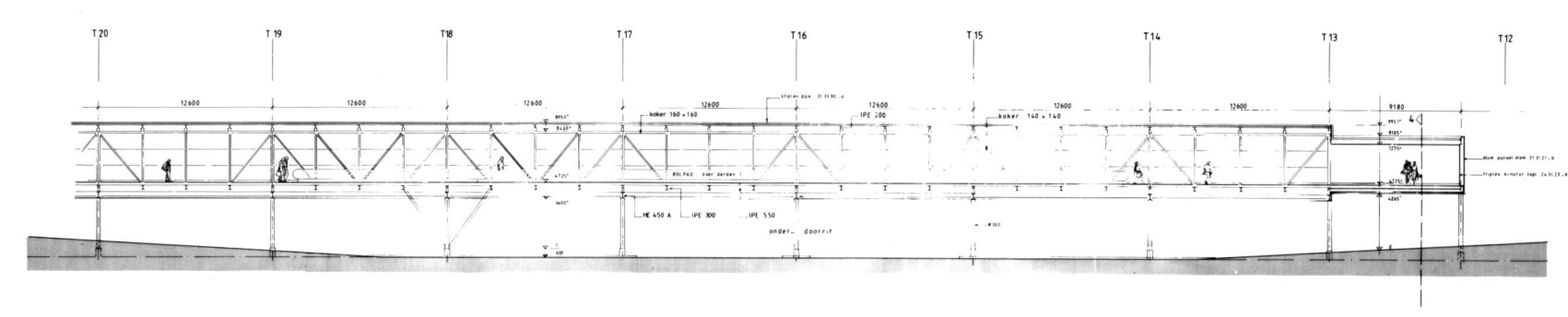

Secciones longitudinales.
Longitudinal sections.

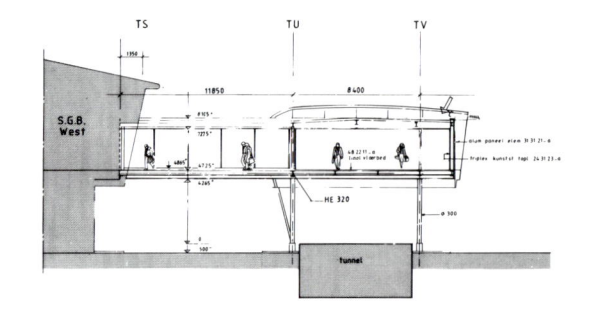

Sección transversal.
Transverse section.

Vista hacia las pistas de aterrizaje.
View towards the runways.

La nueva terminal.
The new terminal.

La pasarela vista desde la nueva terminal.
The footbridge seen from the new terminal.

La pasarela en su entorno.
The footbridge in its setting.

Sección transversal.
Transverse section.

Vistas interiores.
Desde el interior, la pasarela se abre hacia las pistas de aterrizaje. La estructura organiza los pasos.

Views of the interior.
From the interior, the footbridge opens up towards the runways. The structure organizes the itineraries.

Pasarela en el complejo industrial "Camy-Nestlé" Viladecans, Barcelona, España, 1994

Enric Miralles arquitecto. Colaboradores: S. Duch, E. Prats, F. Pla, M. Martorell. OMA, estructura

Footbridge in the "Camy-Nestlé" industrial complex Viladecans, Barcelona, Spain, 1994

Enric Miralles architect. In conjunction with: S. Duch, E. Prats, F. Pla, M. Martorell. OMA, structural design

La pasarela en la fábrica de helados "Camy-Nestlé" de Enric Miralles se plantea desde el correcto entendimiento del programa de usos al que debe servir. Cada uno de ellos se significa en la sección transversal del proyecto, a través de su trasposición en una estructura, un soporte y una forma específicas.

La pasarela, que debe de servir de conexión entre dos edificios de la misma fábrica separados por una calle, tiene que permitir el paso de empleados, el paso de material embolsado, mediante una cinta transportadora, el paso de conductos eléctricos para el suministro de energía y de los conductos de alimentación para el proceso de frío.

La solución estructural atiende a las distintas solicitaciones de cada elemento y a los desfases debidos a las fuertes alternancias de cargas dependiendo del uso que se haga en cada momento de la pasarela.

Así, las cintas transportadoras se soportan desde una estructura metálica de gran luz, cerrada por una plancha corrugada. El paso peatonal está formado por una sección portante de hormigón postensado sobre la que se apoya un sistema de prefabricados también de hormigón. Los conductos de fluidos pasan exteriores al perímetro cerrado de la sección, soportados por una viga metálica de sección triangular.

Así concebida, la sección transversal se extrusiona hasta conformar la pasarela.

El anclaje con el lugar se hace a través de la escalera de emergencia, que asienta en el entorno la construcción y muestra en la acción de subir y girar sobre sí misma las distintas relaciones entre la pasarela y la fábrica.

The footbridge by Enric Miralles in the "Camy-Nestlé" ice cream factory adopts as its starting point the effective functioning of the programme of uses it is called on to serve. All of these functions are evidenced by the cross section of the project, in terms of a transposition into a specific structure, support and form.

The footbridge, which serves to link two buildings of the same factory separated by a street, had to provide for the movement of staff, packed material passing along a conveyor belt, electrical conducts for power supply and supply ducting for the cold process.

The structural solution provides for the requirements of each of these elements and for the difficulty in adjusting to the variations in load, depending on the use made of the bridge at any given moment.

Accordingly, the conveyor belt is suspended from a metal structure with a very large span, enclosed by corrugated sheeting. The pedestrian route is formed by a load-bearing post-tensioned concrete section on which a system of prefabricated concrete beams is supported. The ducting is routed on the outside of the closed perimeter of the bridge, supported by a triangular-section metal beam.

Conceived in this way, the cross section is extruded to form the footbridge.

The anchoring with the location is achieved by means of the emergency stairs, which settle the construction in its surroundings and express the different relationships between the footbridge and the factory through their action of rising and turning back on themselves.

La pasarela en su entorno.
La pasarela une dos partes de una misma fábrica separadas por una calle.

The footbridge in its setting.
The footbridge connects two parts of the factory separated by a street.

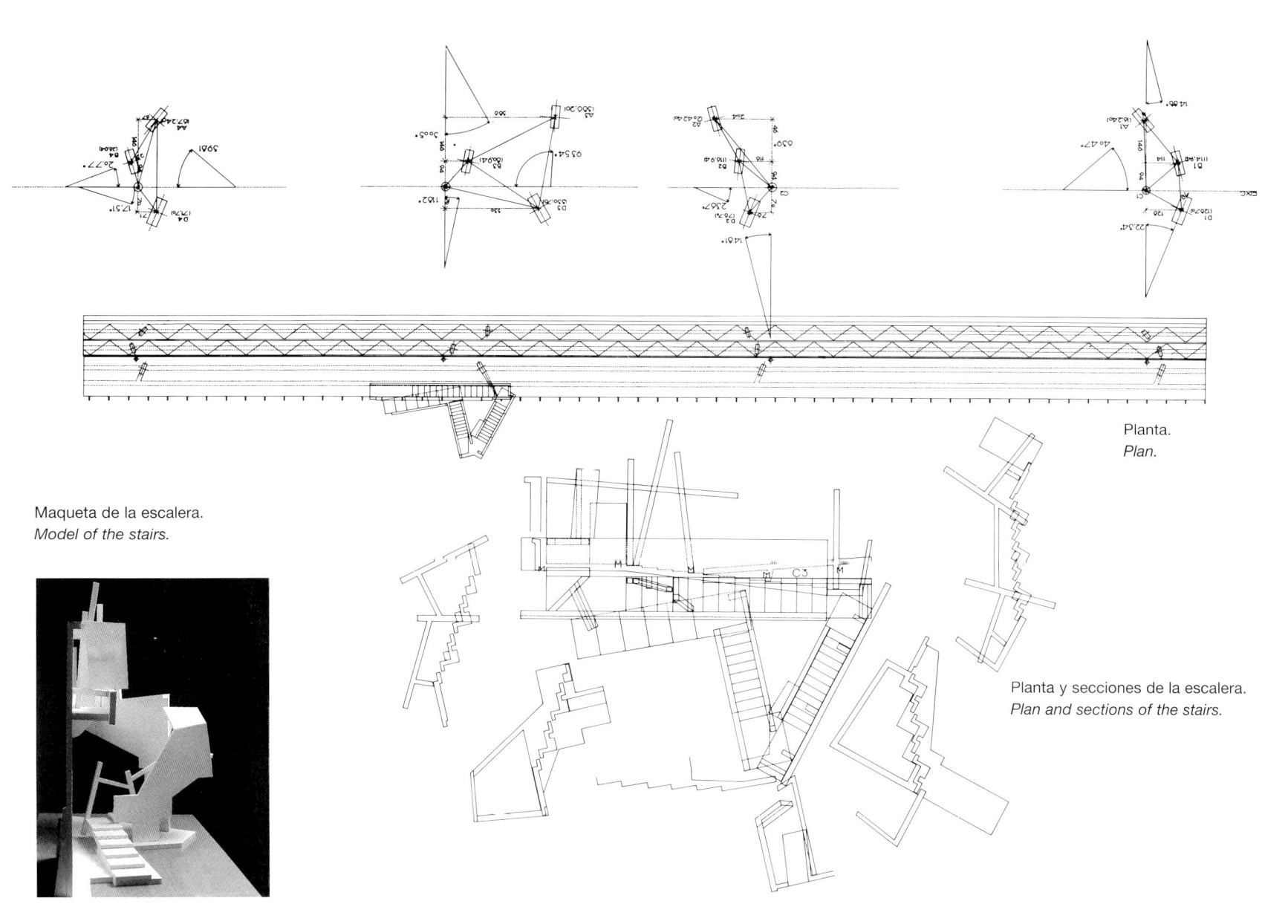

Planta.
Plan.

Maqueta de la escalera.
Model of the stairs.

Planta y secciones de la escalera.
Plan and sections of the stairs.

Vista inferior de la pasarela.
The footbridge from below.

Vista interior.
Interior view.

Vista de la pasarela desde la fábrica.
View of the footbridge from the factory.

Vista inferior.
View from below.

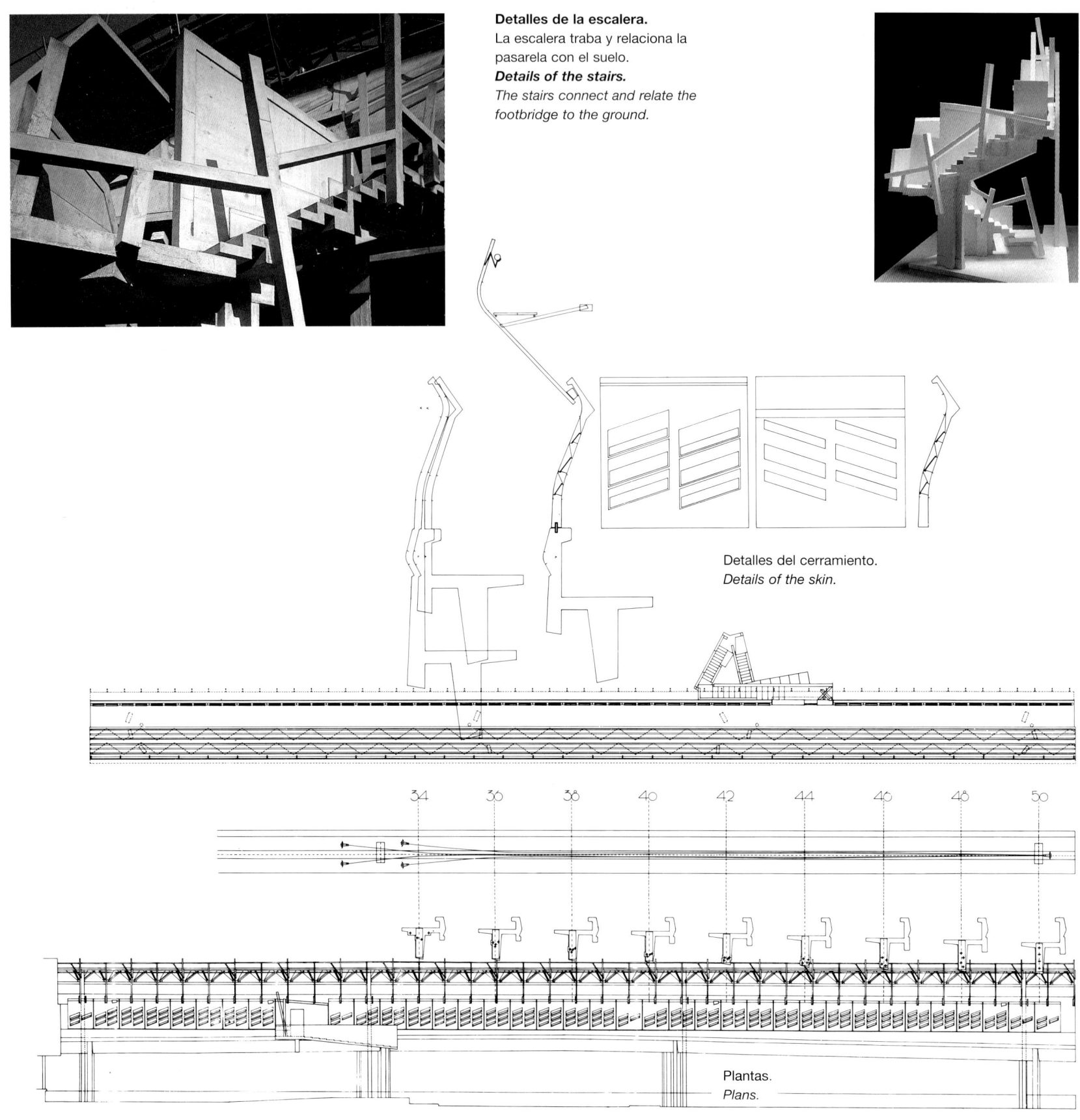

Detalles de la escalera.
La escalera traba y relaciona la pasarela con el suelo.
Details of the stairs.
The stairs connect and relate the footbridge to the ground.

Detalles del cerramiento.
Details of the skin.

Plantas.
Plans.

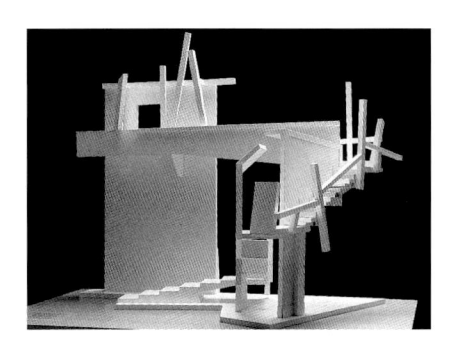

Secciones transversales.
La sección transversal especifica cada uno de los usos de la pasarela.

Transverse sections.
The transverse section establishes each of the different uses of the footbridge.

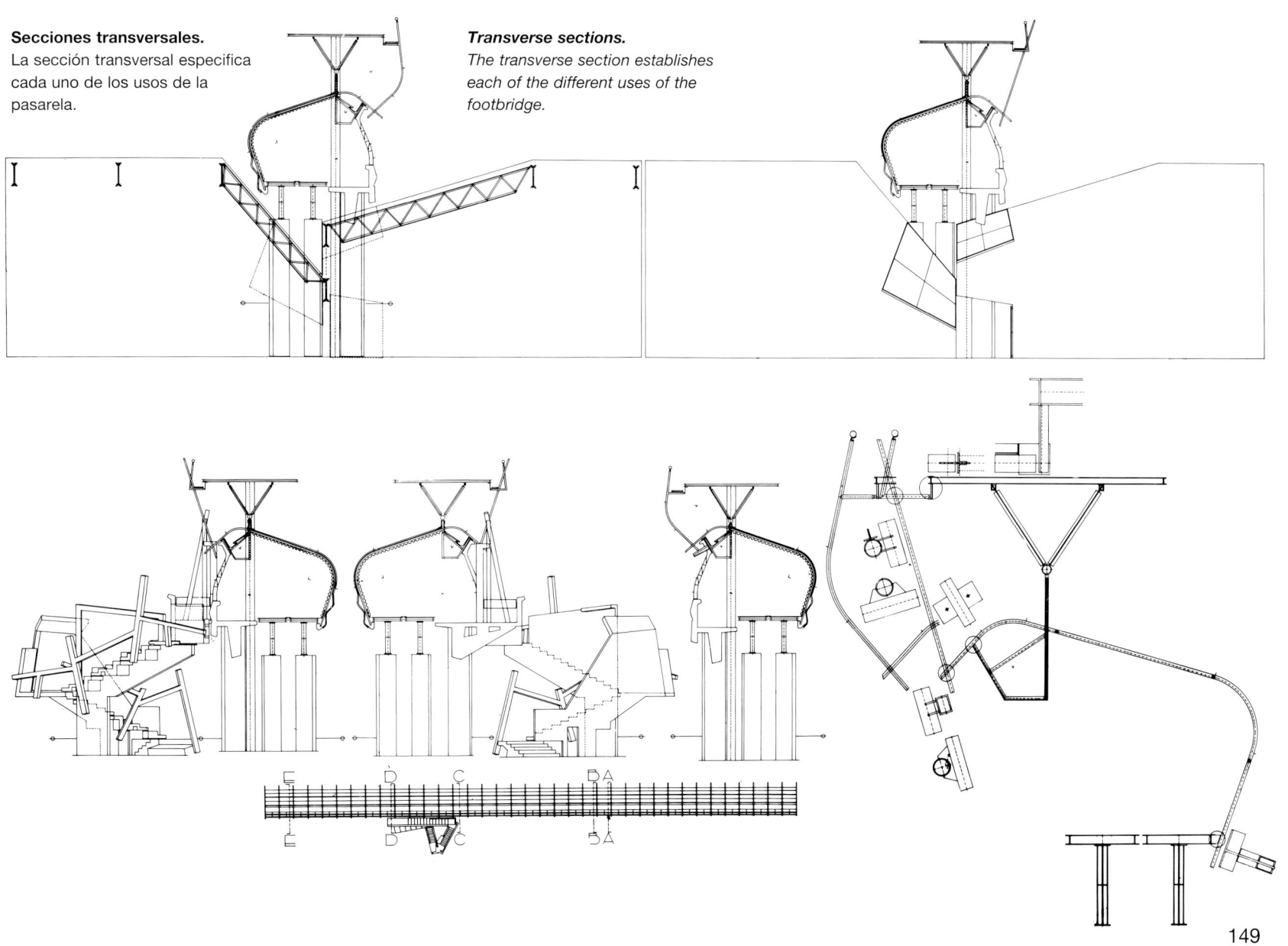

149

Vivienda unifamiliar La Pobla de Mafumet, Tarragona, España. 1990
    Lluís Miquel Serra i Soler arquitecto. Colaboradores: J.M. Ferran, arquitecto. C. Olivé, constructor. A. Cavallé, estructura

Private house La Pobla de Mafumet, Tarragona, Spain. 1990
    Lluís Miquel Serra i Soler architect. In conjunction with: J.M. Ferran, architect. C. Olivé, construction. A. Cavallé, structural design

El Movimiento Moderno aportó, a partir de la revisión del papel de la técnica y de los nuevos materiales a los que tuvo acceso, magníficos ejemplos en la larga tradición de construcción de casas con estructura palafítica.

La vivienda en la Pobla de Mafumet, Tarragona, de Lluís Miquel Serra, que presentamos, remite al proyecto de una casa en la montaña, esbozado por Mies van der Rohe en 1934 y desarrollado posteriormente por diversos arquitectos, desde Philip Johnson (casa Leonhardt, Long Island, 1956) hasta David Haid (pabellón para la casa Rose, Highland Park, Illinois, 1974).

El edificio de Serra se estructura mediante dos grandes vigas en celosía soportadas cada una por dos pilares intermedios y con vuelos en los extremos. Este conjunto conforma una caja elevada sobre el terreno que alberga los dormitorios. Bajo éstos, con una separación de 40 cm, otro volumen idéntico se asienta sobre el lugar perpendicularmente al primero conteniendo las zonas de estar, cocina y comedor.

Ambos volúmenes se relacionan entre sí por una escalera que adopta una posición central en la distribución.

Tanto la construcción del volumen inferior como el cerramiento de la parcela remiten asimismo a proyectos de vivienda de Mies van der Rohe como a algunas de sus casas patio o al conjunto urbano del parque Lafayette en Detroit.

La casa aprovecha forma y estructura de puente para encontrar nuevas y específicas relaciones entre forma y solar.

Setting out from a re-examination of the role of technology and the new materials at its disposal, the Modern Movement contributed outstanding new examples to the long tradition of constructing houses raised on pilotis.

The house in La Pobla de Mafumet, Tarragona, by Lluís Miquel Serra presented here makes reference to the project for a house in the mountains, originally sketched by Mies van der Rohe in 1934 and later developed by various architects, from Philip Johnson (Leonhardt house, Long Island, 1956) to David Haid (pavilion for the Rose house, Highland Park, Illinois, 1974).

Serra's building is structured on the basis of two great trusses, each of which is supported by two intermediate pillars and cantilevered at the extremes. This arrangement forms a box, raised above the terrain, which acommodates the bedrooms. Below this, and separated by a 40 cm gap, a second identical volume is set down on the site perpendicular to the first; this contains the living areas, kitchen and dining room.

The two volumes are connected to one another by a stairway which adopts a central position in the plan.

Both the construction of the lower volume and the closing off of the site make reference to projects by Mies van der Rohe, such as certain of his courtyard houses or the Lafayette Park urban complex in Detroit.

The house makes use of a bridge typology and structure in order to arrive at new and specific relationships between form and site.

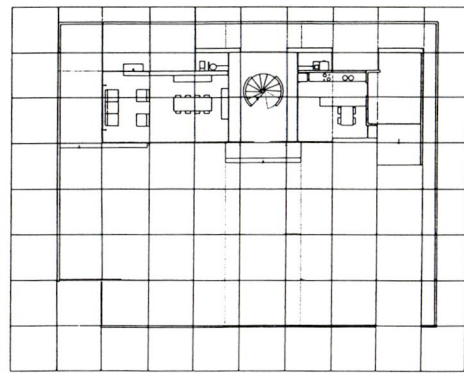

La casa en su entorno.
The house in its setting.

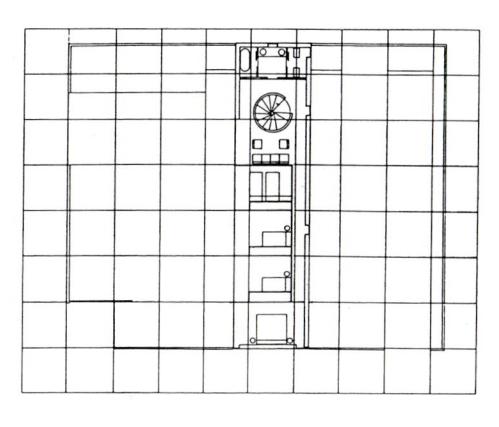

Planta inferior.
Ground floor plan.

Planta superior.
Upper floor plan.

151

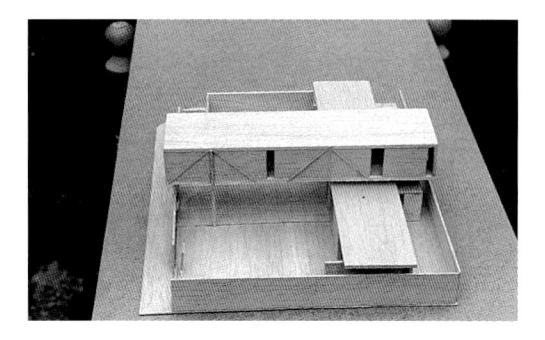

Vistas de la maqueta.
Views of the model.

Vistas desde la entrada.
El cuerpo de habitaciones sobrevuela el solar, apoyándose en una estructura que se hace aparente en el despiece de la fachada.

View from the entrance.
The bedroom volume projects out over the plot, supported by a structure that manifests itself in the jointing of the facade.

Vistas generales.
Estructura y cerramiento configuran la imagen de la planta superior.

General views.
Structure and skin together configure the upper floor.

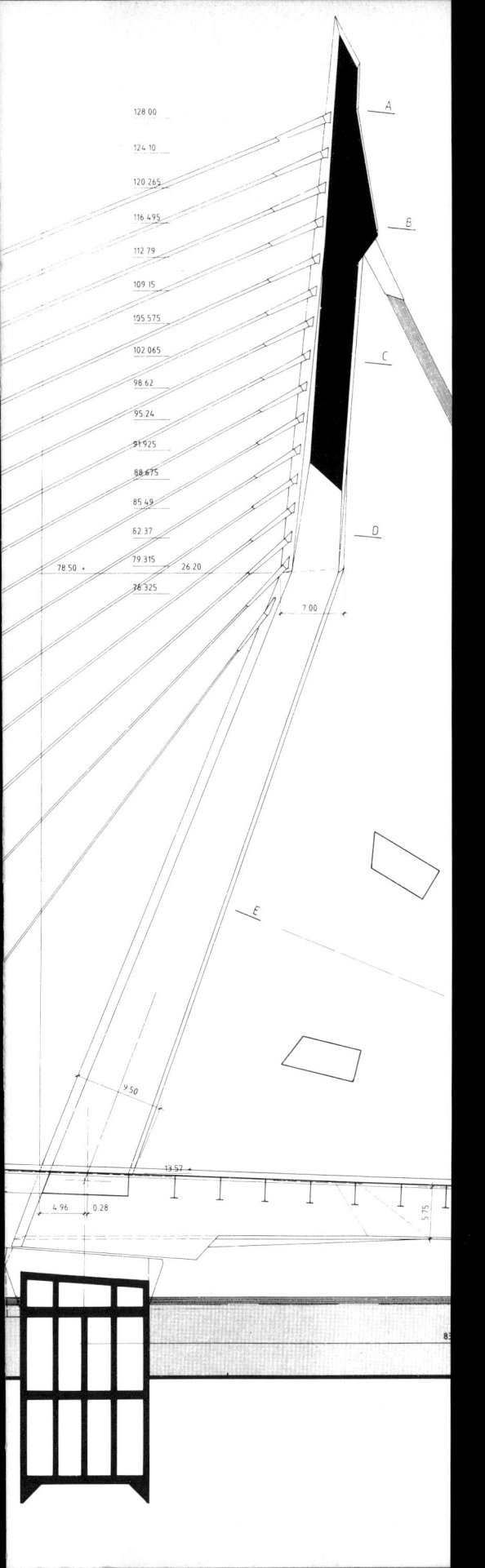

Estructura y monumento
Structure and monument

Puente Erasmus sobre el río Maas Rotterdam, Holanda. 1995
Ben van Berkel & Bos

Erasmus bridge over the river Maas *Rotterdam, Holland. 1995*
Ben van Berkel & Bos

El puente Erasmus de Ben van Berkel se levanta en una encrucijada histórica en el centro de la ciudad de Rotterdam, sobre el río Maas. Su construcción va ligada a las operaciones puntuales de eliminación del viejo puente de ferrocarril del área de *Kop van Zuid* y de reestructuración de las conexiones viarias y peatonales no resueltas de otras áreas vecinas.

El puente será, además, un punto importante de conexión urbana al ser el último sobre el río antes del puerto y la desembocadura del Maas en el mar del Norte.

La solución estructural intenta, a través de su monumentalidad, significar el conjunto de la operación a escala de toda la ciudad.

La estructura del tramo atirantado recoge una solución ya utilizada en los últimos años en realizaciones similares, aunque en entornos no urbanos. El factor urbano altera la solución tipológica obligando a erguir el pilón en A quebrada hasta una altura de 140 m, e incluso moldear su verticalidad en el tramo final para no interferir en un entorno tan edificado. La inflexión del mástil orienta el puente en la ciudad. Dos tramos fijos y un pequeño puente levadizo completan el salto sobre el río y su encaje en la red viaria.

Al igual que la solución estructural, el diseño de todos los elementos que componen el puente: pilón, estribos, tablero, barandillas, etc., incluso la iluminación prevista, redundan en los aspectos monumentales de la actuación.

The Erasmus bridge by Ben van Berkel stands on a historic intersection in the centre of Rotterdam, spanning the river Maas. Its construction is linked both to the specific operations for the elimination of the old railway bridge in the Kop van Zuid *and the restructuring of the unresolved vehicle and pedestrian connections in other areas.*

The bridge also constitutes a major point of urban connection, as the last bridge over the river before the port and the meeting of the Maas with the North Sea.

The structural solution is concerned to establish, on the basis of its monumentality, the signalling of the operation on the urban scale of the city as a whole.

The structure of the stretch anchored by cables presents a solution also found in recent years in a number of similar interventions, although not in the urban context.

The urban factor modifies the typological solution here, making it necessary to raise the pylon —a fractured capital A— to a height of 140 m, as well as shaping the verticality of the final section to avoid interfering in such a densely built-up area. The inflection of the mast orients the bridge in the city. Two fixed stretches of deck and a small drawbridge section effect the crossing of the river and the integration with the city's road network.

Alongside the structural solution, the design of all of the bridge's component elements —pylon, piers, deck, balustrades, etc., even the proposed lighting scheme— contributes to the monumental impact of the construction.

El puente en su entorno.
La estructura del puente se erige como hito monumental en el entorno urbano.
The bridge in its setting.
The structure of the bridge constitutes a monumental landmark in its urban setting.

Sección transversal.
Transverse section.

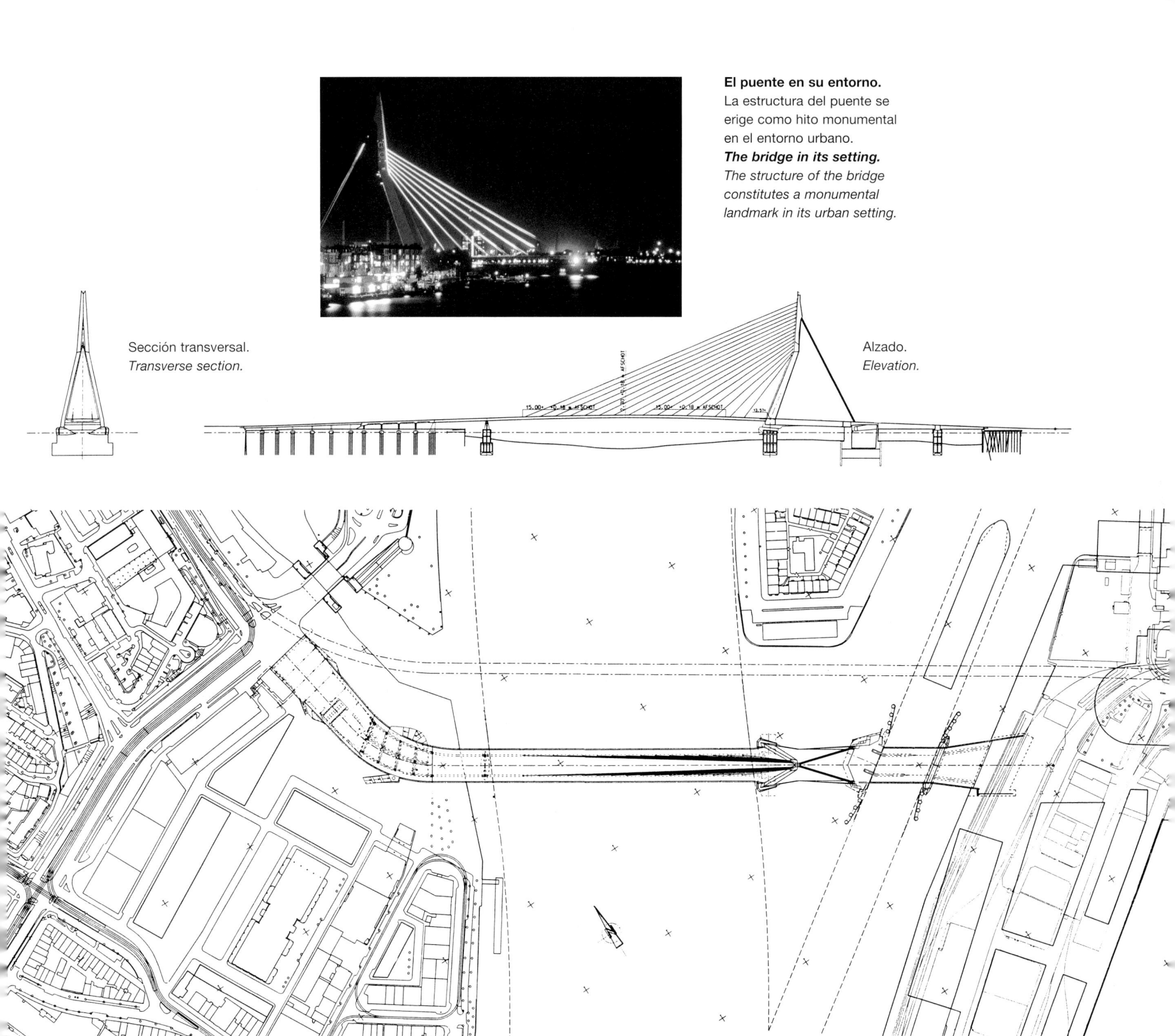

Alzado.
Elevation.

Emplazamiento.
Situation.

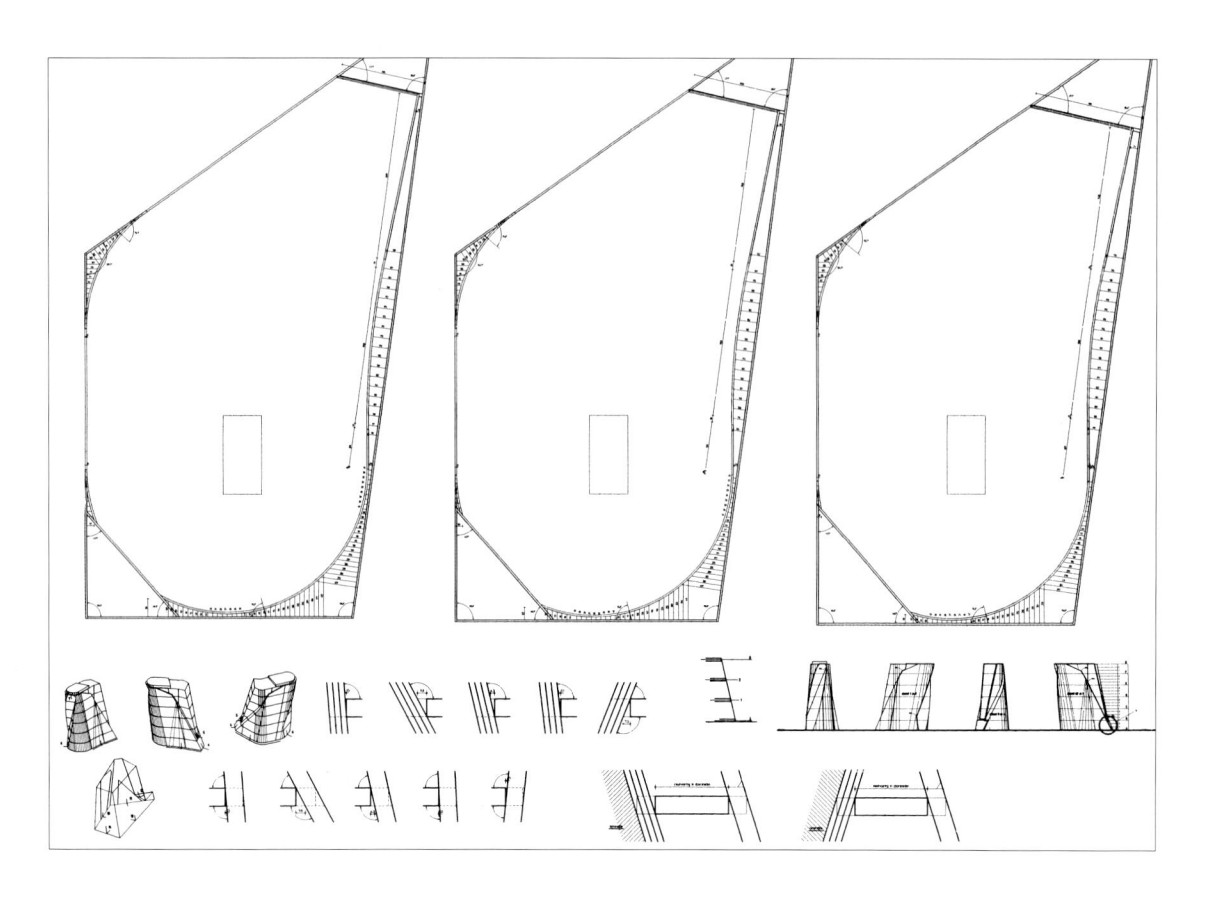

Desarrollo en planta de la pila central.
Development of the central pile in plan.

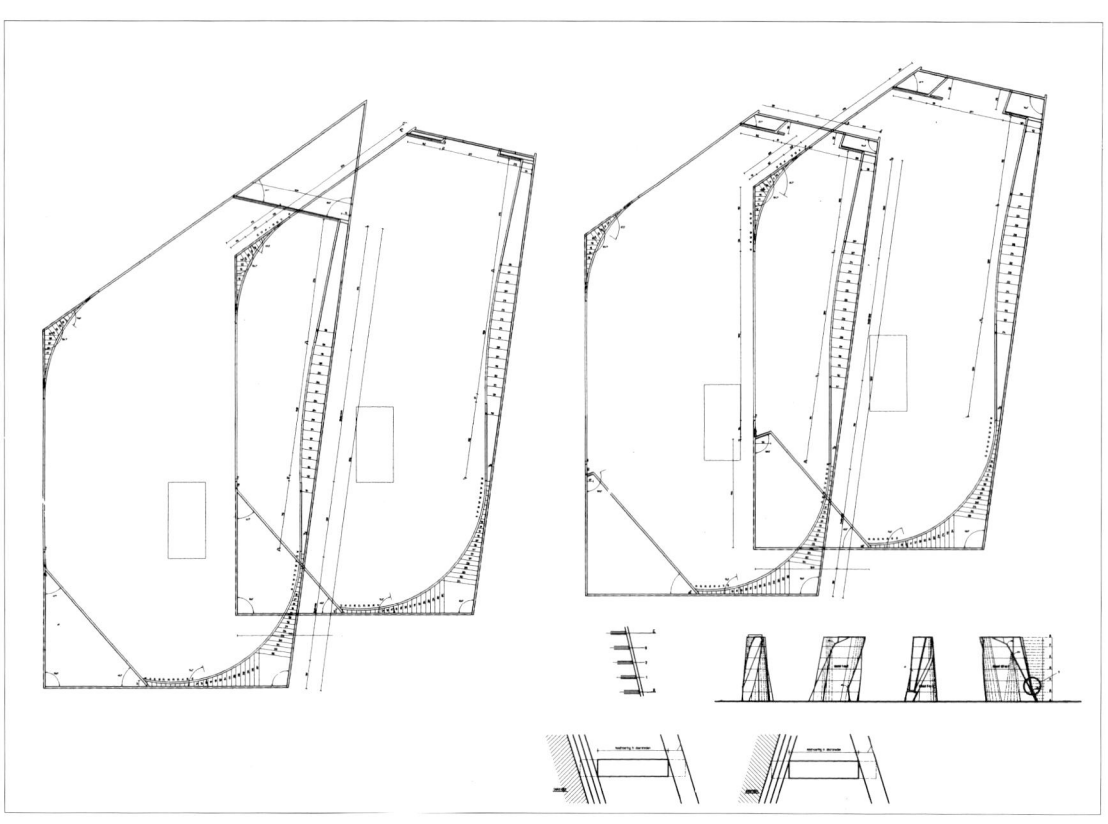

158

159

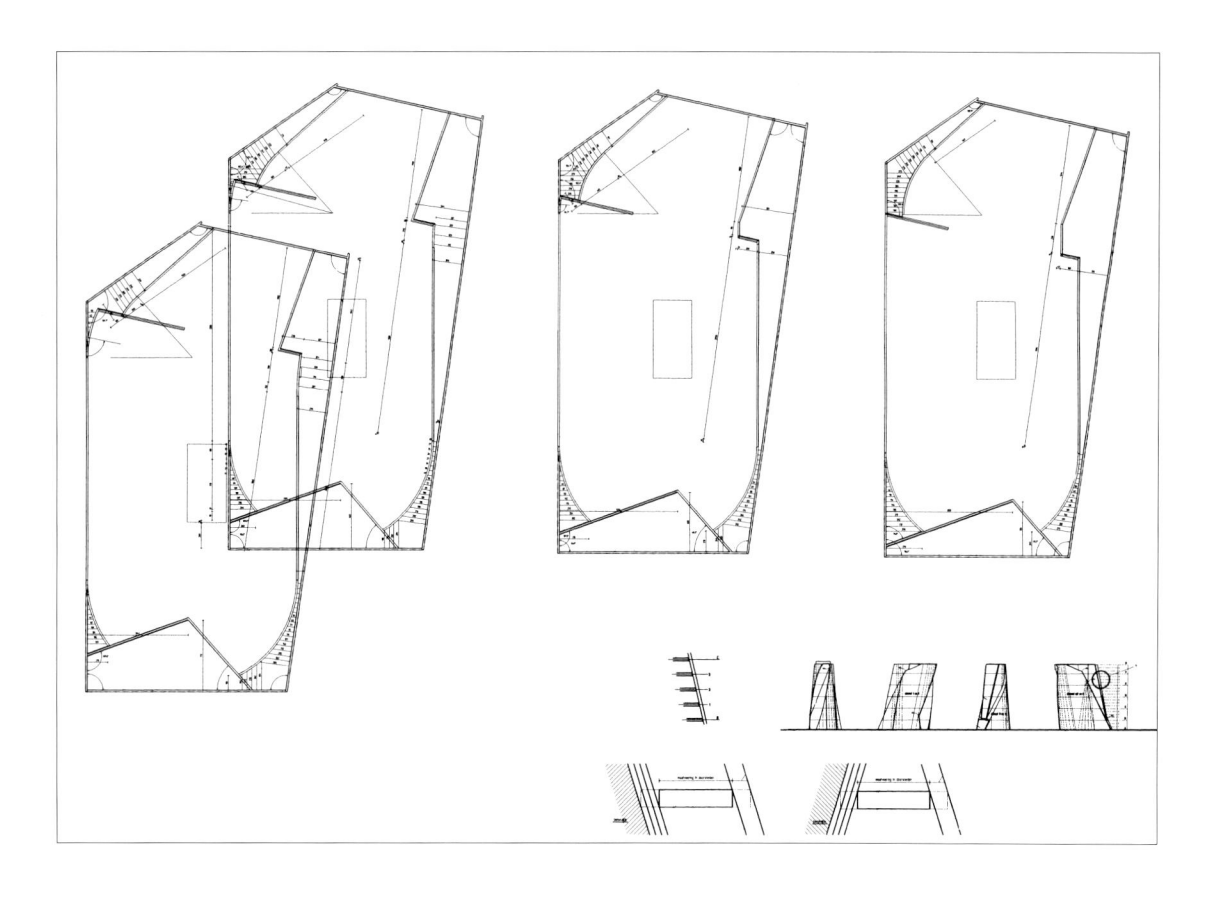

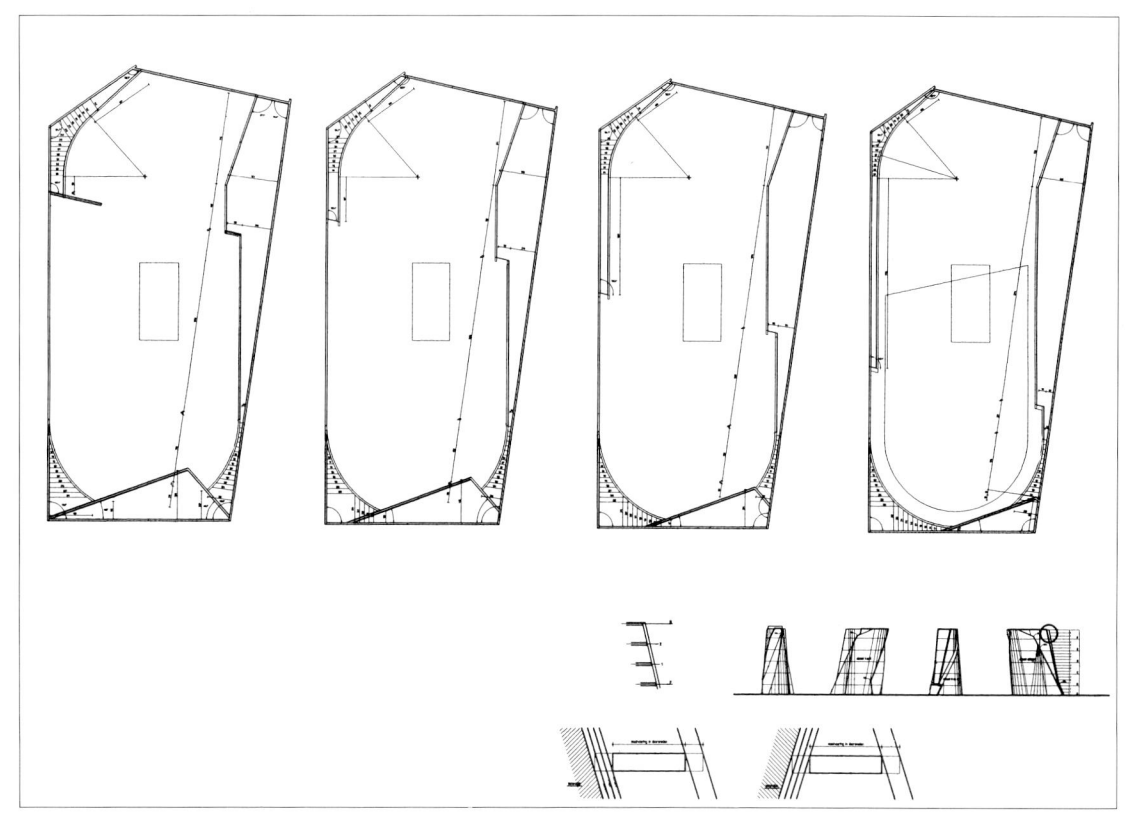

El mástil durante su colocación.
The shaft being manoeuvred into position.

La pila central.
The central pile.

La cimentación de la pila.
The footing of the central pile.

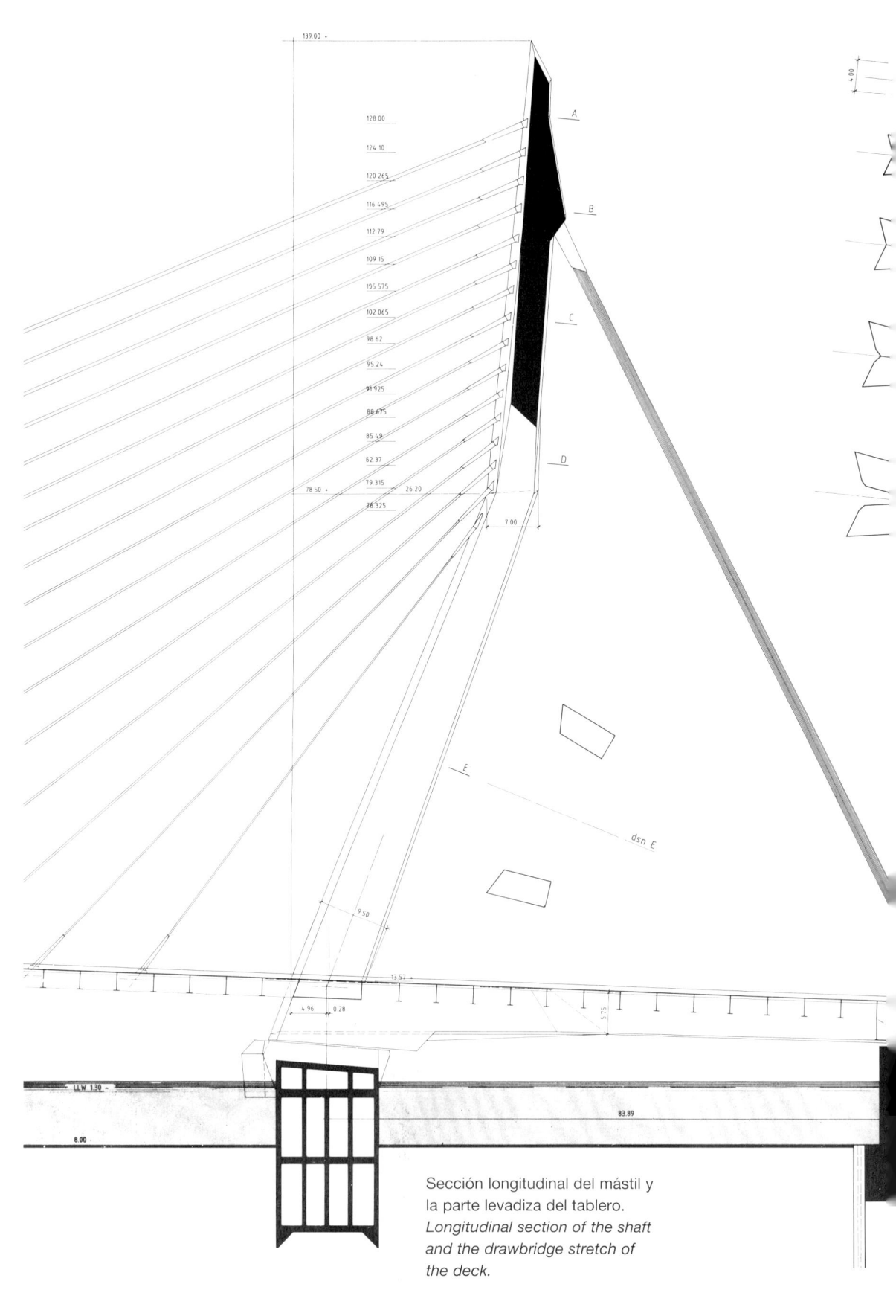

Sección longitudinal del mástil y la parte levadiza del tablero.
Longitudinal section of the shaft and the drawbridge stretch of the deck.

160

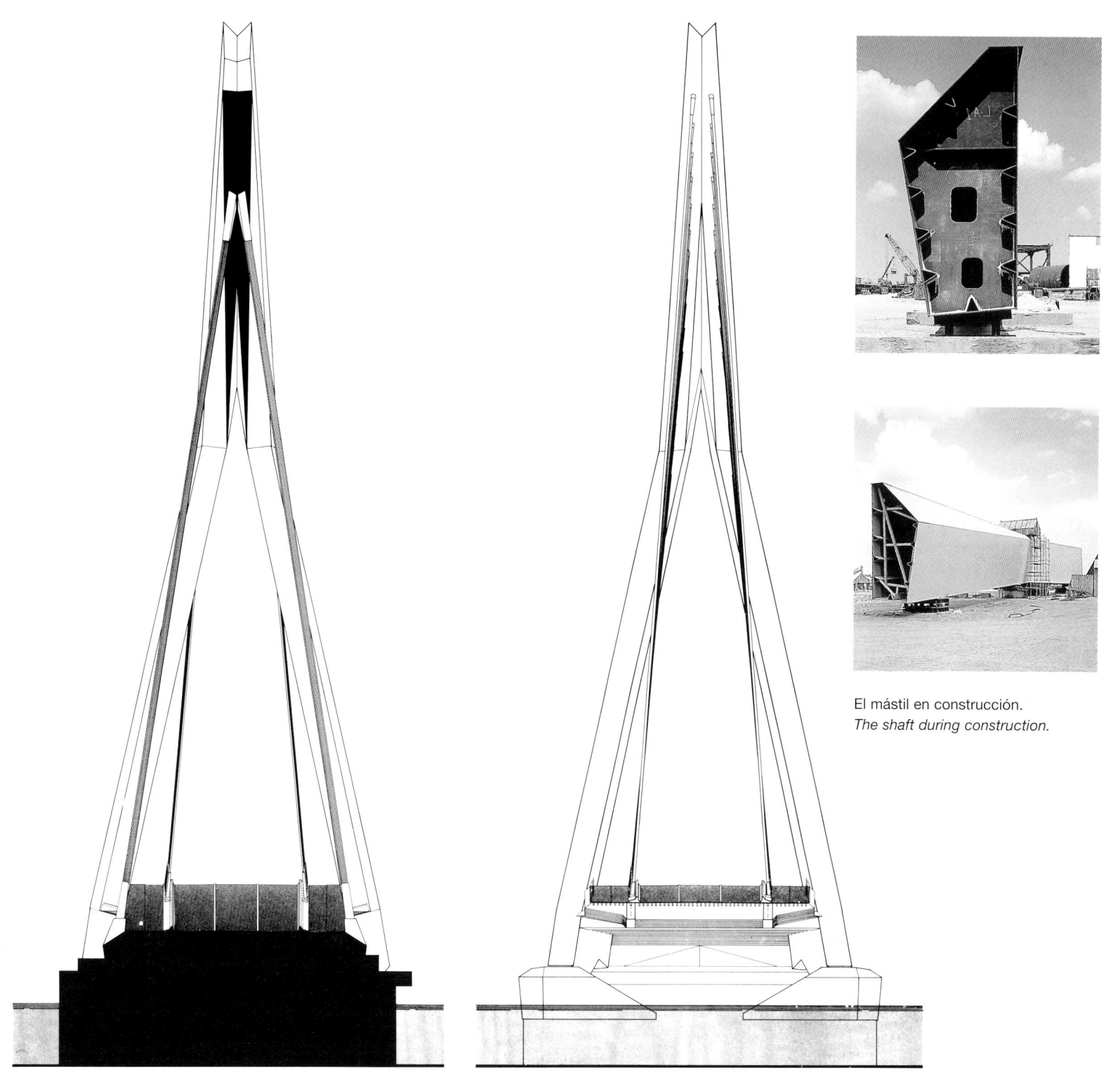

El mástil en construcción.
The shaft during construction.

Secciones transversales.
Transverse sections.

161

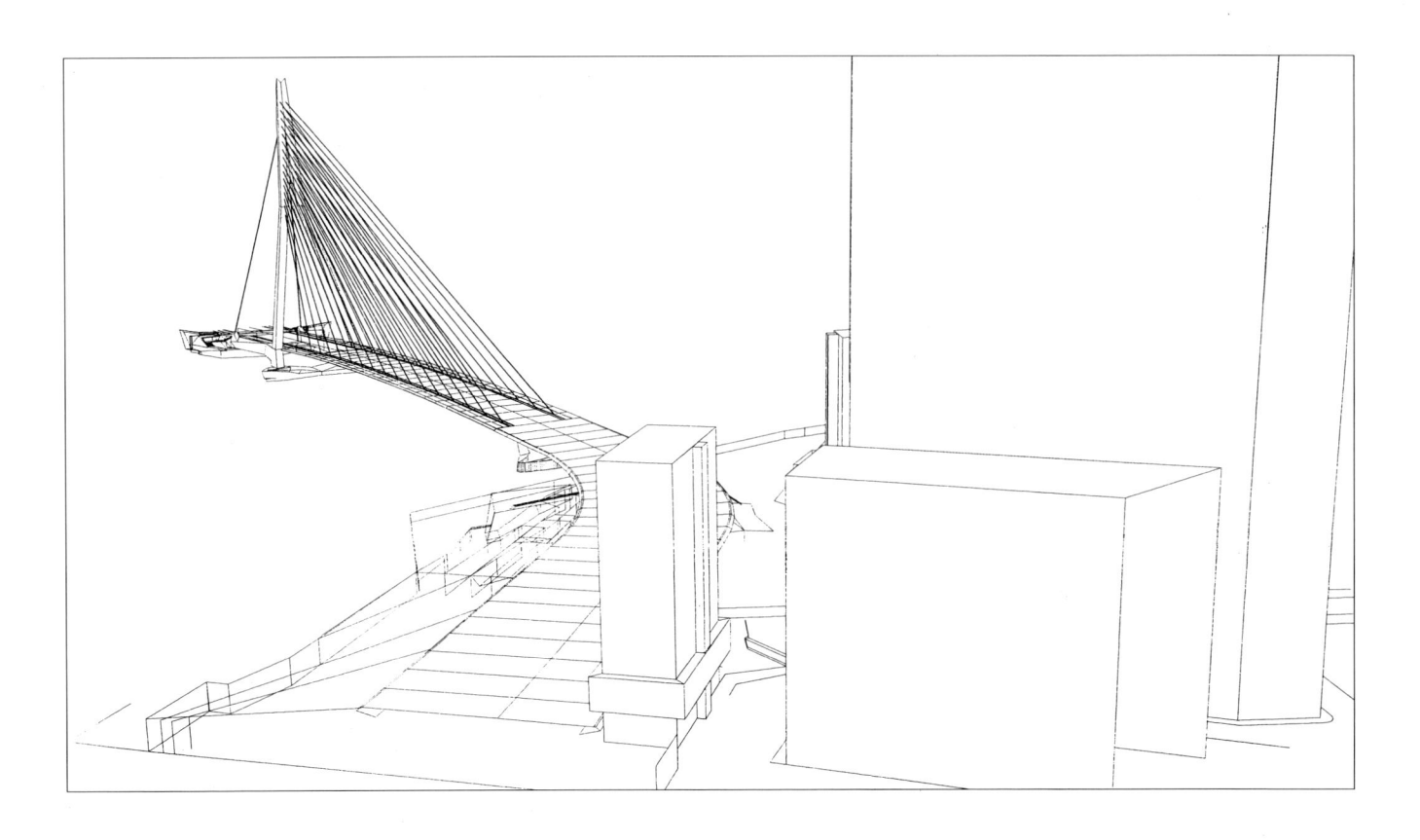

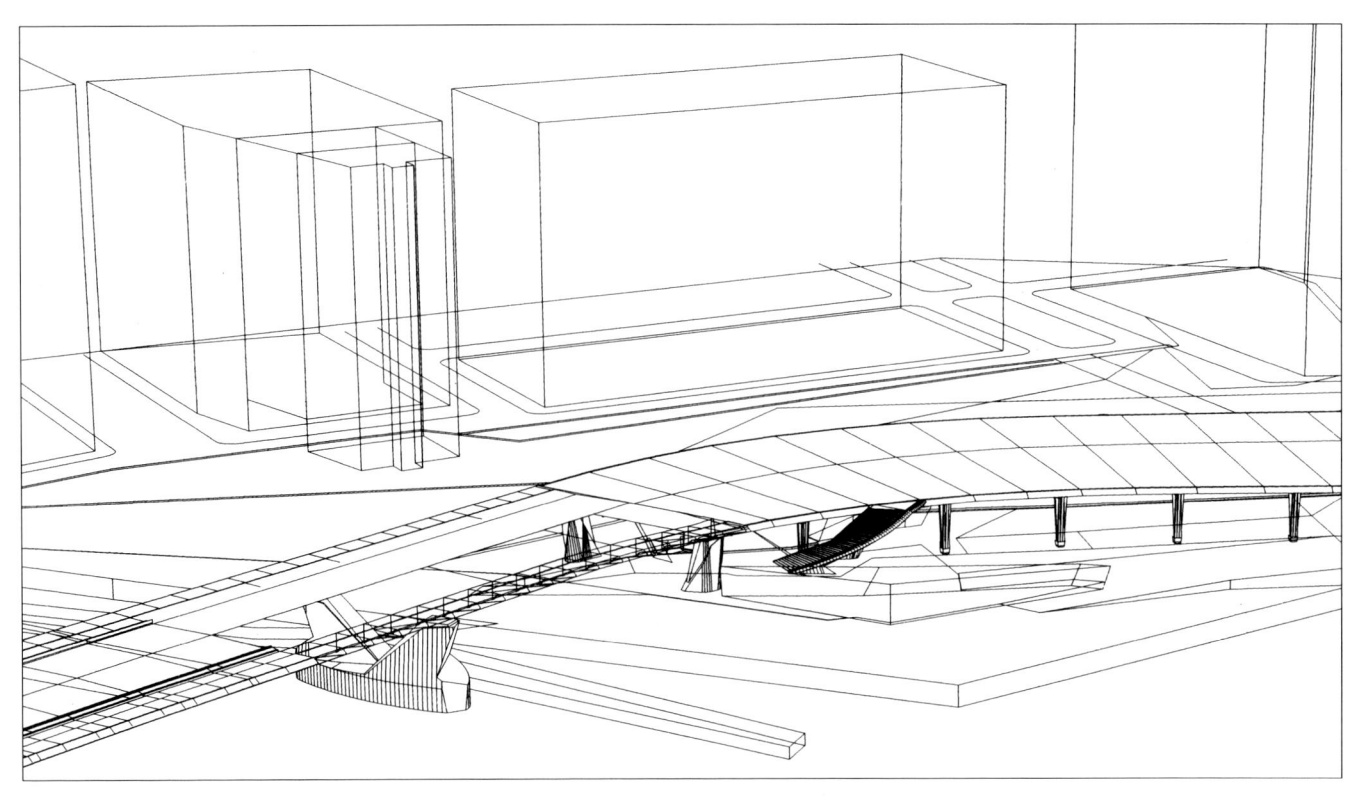

Los accesos al puente. *The accesses to the bridge.*

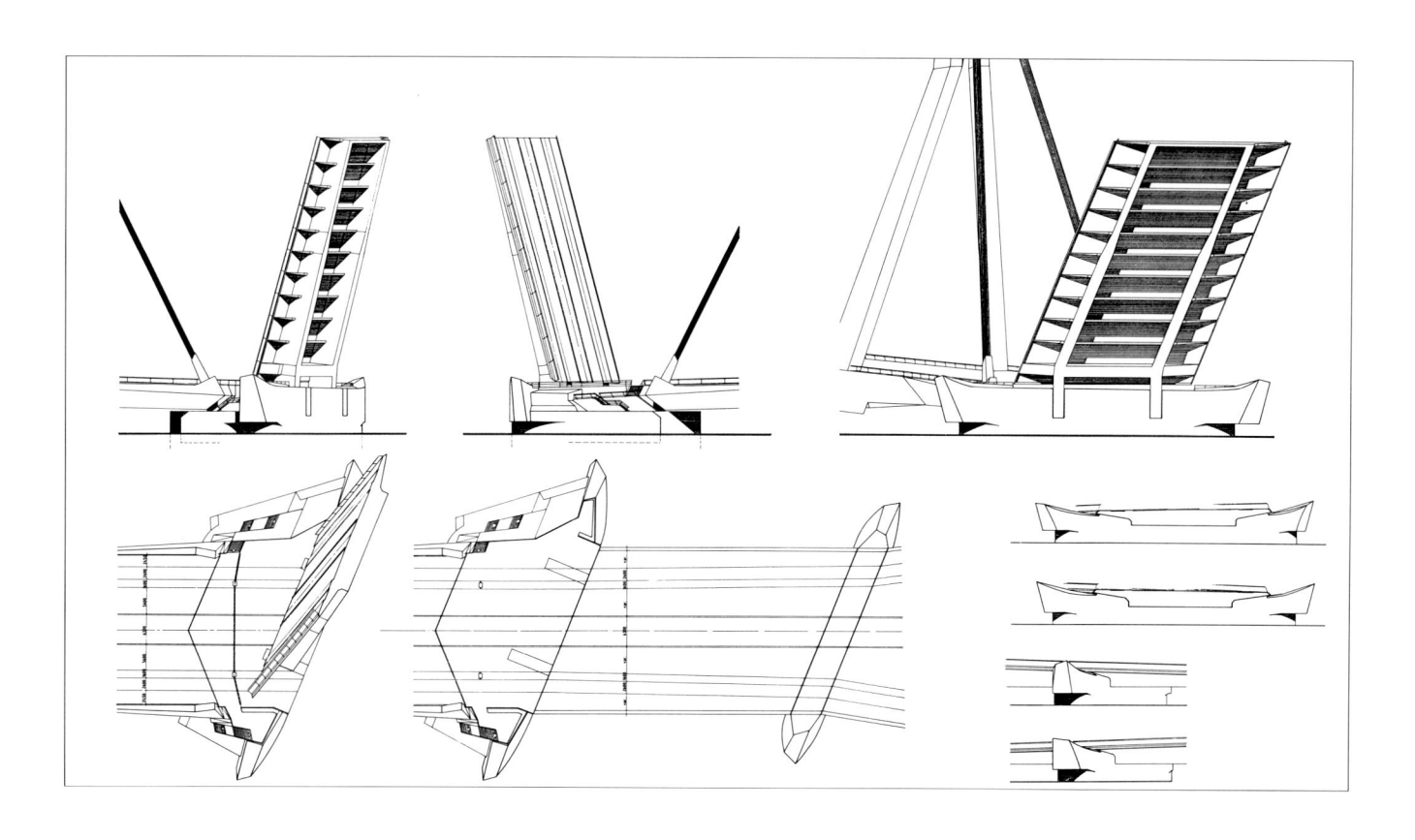

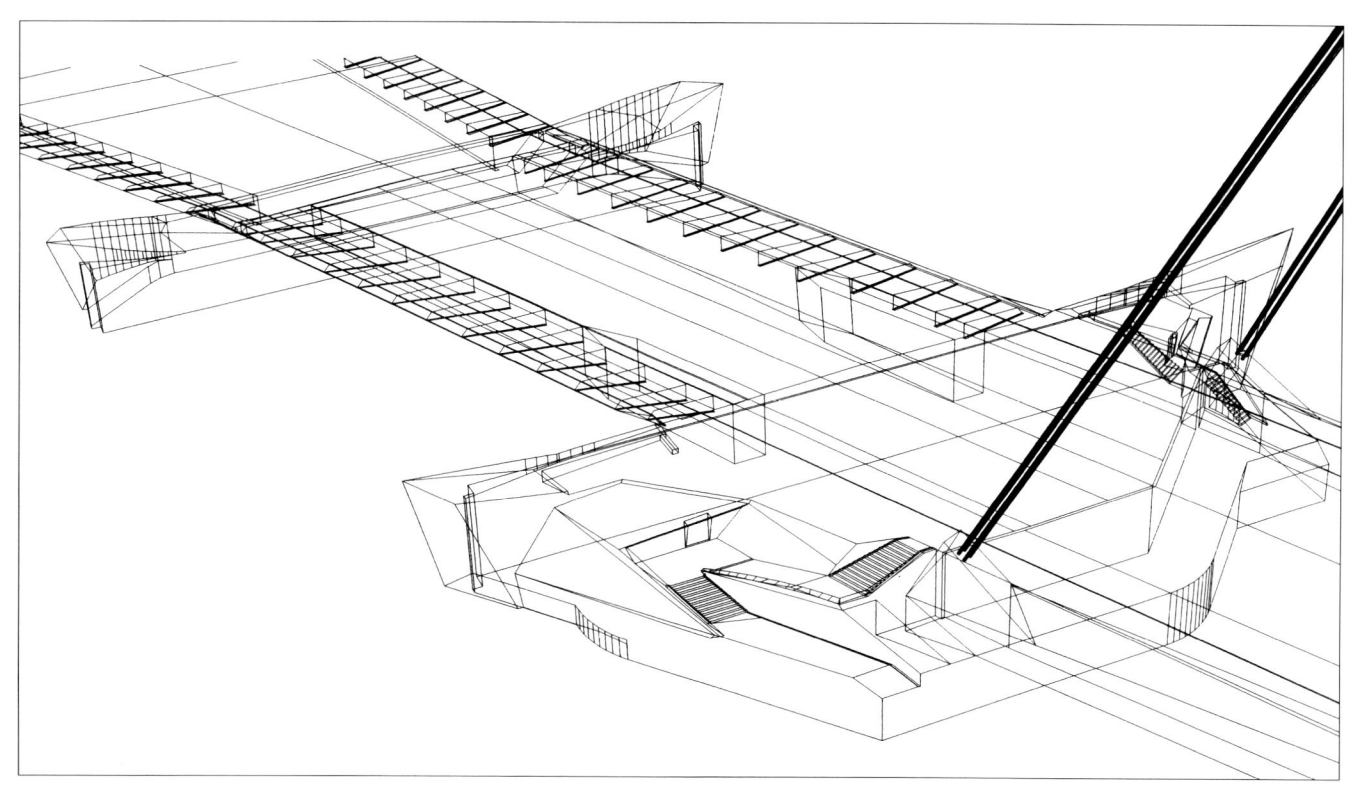

El tablero levadizo. *The drawbridge stretch of the deck.*

Puente de la Barqueta sobre el río Guadalquivir Sevilla, España. 1992
    Juan J. Arenas, Marcos J. Pantaleón ingenieros

***La Barqueta bridge over the river Guadalquivir** Seville, Spain. 1992*
    Juan J. Arenas, Marcos J. Pantaleón engineer

La tipología de puente en arco atirantado es una solución estructural ya ensayada que ha sido mejorada sucesivamente, en la medida en que distintos materiales para la configuración de sus elementos o distintas soluciones estructurales, cara a la estabilidad del conjunto, han sido experimentadas para adaptarse a usos y procesos constructivos diversos.

La solución, en el caso del puente de la Barqueta de Juan J. Arenas y Marcos J. Pantaleón, se justifica por su importancia como hito, dentro del conjunto de nuevos puentes construidos con motivo de la Exposición Universal y por un carácter de entrada principal desde el casco urbano al recinto ferial de la isla de la Cartuja.

El puente está formado por un único arco central que se bifurca en los extremos permitiendo el paso y abrazando el tablero metálico que, a su vez, atiranta el sistema. Las péndolas se disponen en abanico debido a la diferencia de longitud entre el tablero y la parte de éste que abarca el arco.

El hecho de que no se empleen dos arcos paralelos o dos arcos inclinados, arriostrados en su clave, permite dar una mayor unidad y monumentalidad al conjunto, evitando el desorden visual que los arriostramientos o el excesivo número de péndolas producen.

La construcción en acero del arco y la solución dada a los extremos permite aprovechar las ventajas de la elaboración en taller y facilitan su montaje en la orilla del río para luego, al ser un conjunto estable, girar flotando sobre el río, hasta situarlo en su emplazamiento definitivo.

The typology of the anchored arch bridge is a well established structural solution that has undergone successive improvements, in the sense that the various materials used in the configuration of its elements and the different structural designs giving stability to the composition have been experimented with and refined to adapt them to a diversity of functional uses and construction processes.

In the case of the Barqueta bridge by Juan J. Arenas and Marcos J. Pantaleón, the adoption of this solution is justified by the bridge's importance as a landmark, within the group of new bridges constructed for Expo'92 in Seville, and by its position as main entrance from the city centre to the Expo and fairs site on the island of La Cartuja.

The bridge is composed of a single central arch which forks at either end to allow passage and embrace the metal deck, which in turn anchors the entire construction. The suspension cables are fanned out on account of the difference in length between the deck as a whole and the part corresponding to the arch.

The decision not to employ a pair of parallel arches or two inclined arches anchored at the keystone effectively gives the bridge a greater unity and monumentality, avoiding the visual confusion that can result from multiple bracings or an excessive number of suspension cables.

The construction of the arch in steel and the solution adopted for the two ends of the bridge made it possible to exploit the advantages of industrial prefabrication and assembly of the components on the edge of the river, with the stable assembled structure being subsequently swung out from the bank and floated into position.

Sección longitudinal.
Longitudinal section.

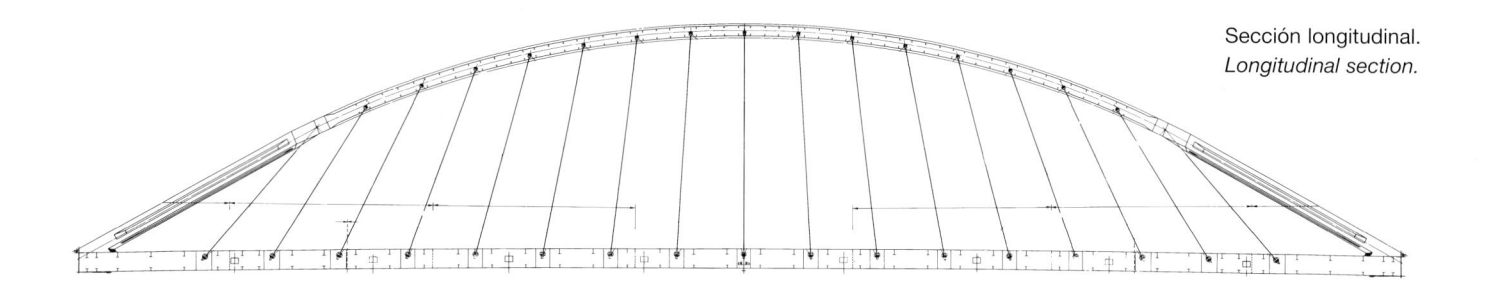

El puente en su entorno.
The bridge in its setting.

165

La estructura.
The structure.

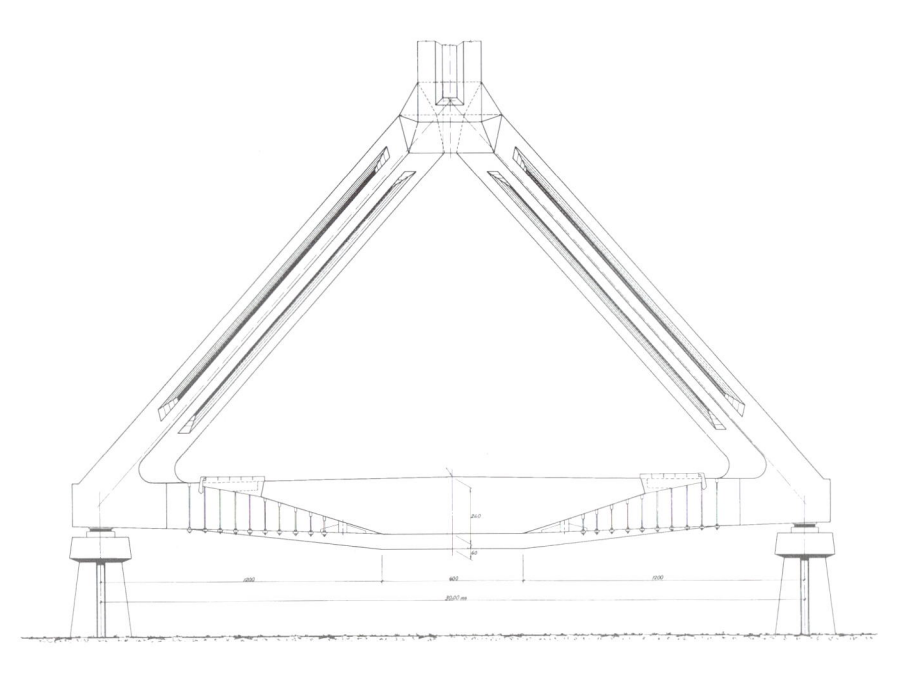

Sección transversal.
Transverse section.

El puente iluminado.
The bridge illuminated at night.

166

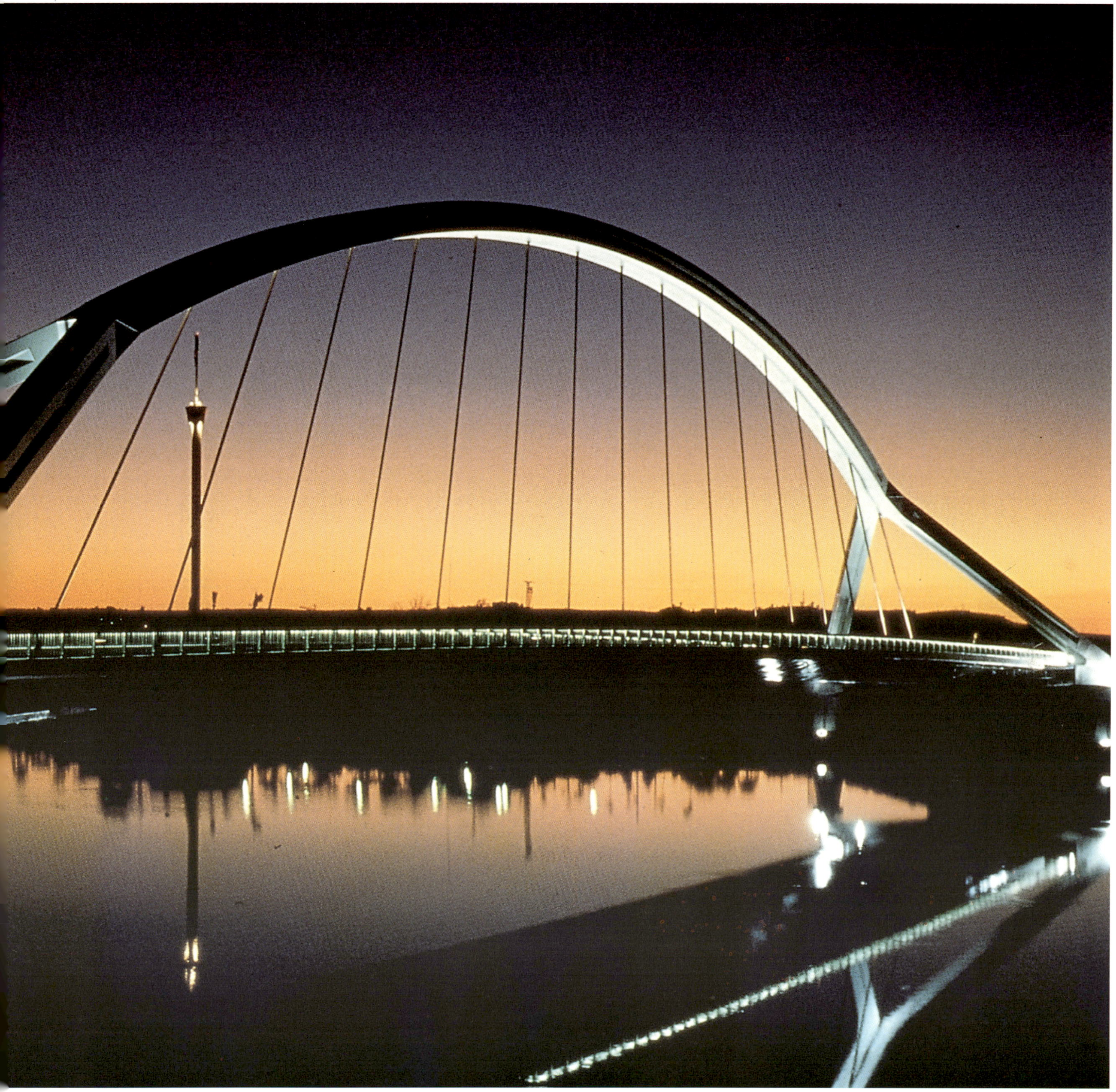

La estructura durante su colocación.
La estructura se construyó enteramente en uno de los márgenes del río. Para su colocación se hizo pivotar desde uno de los extremos, apoyando el otro en una barcaza que se deslizaba sobre el río.

The structure being manoeuvred into position.
The structure was assembled on the side of the river, and was then swivelled into place at one end, the other end being floated into position by a barge.

Detalle del apoyo.
Detail of the support.

Vista desde el tablero.
View from the deck.

Pasarela sobre la autopista Toulouse, Francia. 1989

Marc Mimram arquitecto e ingeniero. Colaborador: Alexandre Chemetoff, paisajista

Footbridge over a motorway Toulouse, France. 1989

Marc Mimram architect and enginer. In conjunction with: Alexandre Chemetoff, landscape architect

La pasarela sobre la autopista de Marc Mimram que presentamos se engloba en el conjunto de más de treinta puentes construidos en Toulouse sobre el anillo viario que circunda la ciudad.

Su estructura viene directamente relacionada con su forma en planta, al plantearse la entrega con uno de sus márgenes con una bifurcación de su tablero.

Construida no con acero laminar sino mediante gruesas planchas unidas entre sí y a diafragmas regularmente dispuestos en su interior, la pasarela de Mimram fue construida en taller en su parte principal y depositada mecánicamente sobre los estribos.

Su construcción, próxima a la construcción naval, permite la acentuación de su forma dinámica a través de la deformación y corte apurado de las planchas metálicas.

El carácter peatonal de la pasarela permite su acabado superficial en tablas de madera contraponiendo a su aspecto dinámico la calidez de un acabado más artesanal.

This footbridge over the motorway designed by Marc Mimram is one of a total of more than thirty bridges constructed in recent years on the ring road circling the city of Toulouse.

The structure of the bridge is directly related to its form in plan, with its meeting with one of the banks conceived on the basis of a bifurcation of the deck.

Mimram's footbridge is constructed not of sheet steel but of thick plates welded to one another and to the regular sequence of diaphragms in its interior; the main body of the bridge was thus manufactured in the factory and manoeuvred into position on top of the piers.

The construction of the bridge, reminiscent of the technical approach typical of shipbuilding, permits the accentuation of its dynamic form on the basis of the deformation and precise cutting of the steel plates.

Being intended for pedestrian transit, the footbridge is able to incorporate a decking of wooden boards, the dynamic aspect of the structure thus contrasting with the warmth of a more hand-crafted finish.

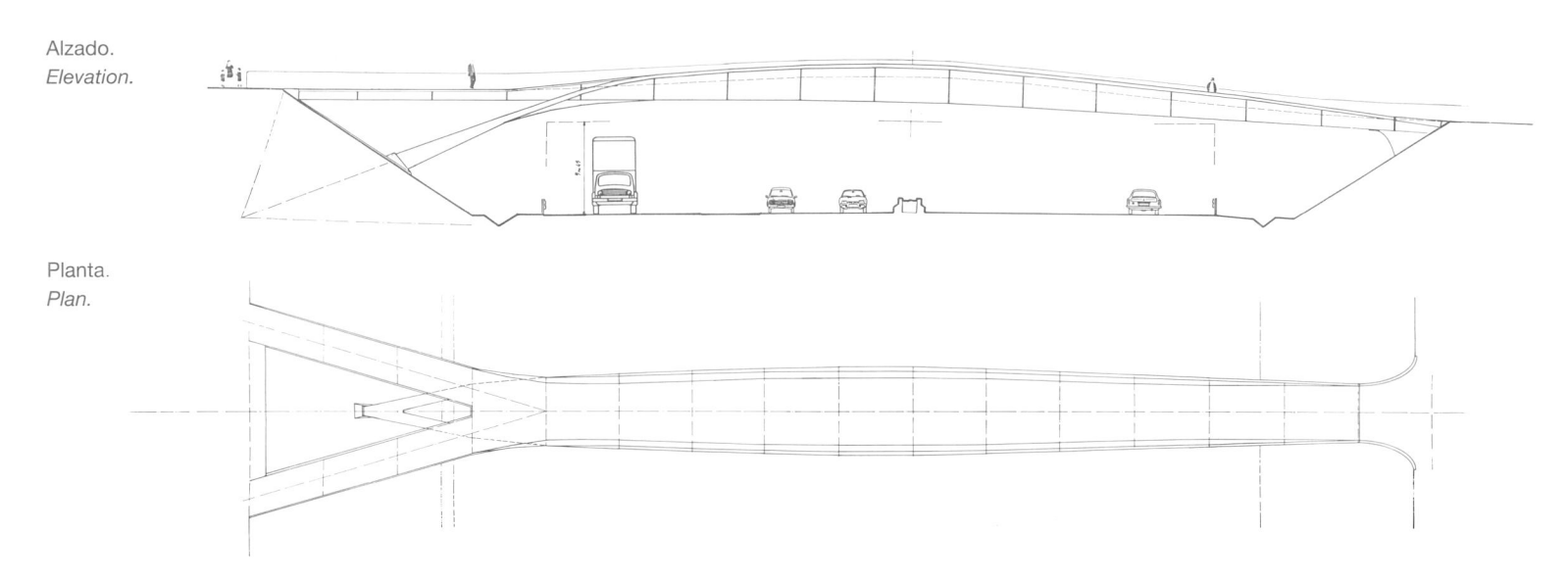

Alzado.
Elevation.

Planta.
Plan.

La pasarela en su entorno.
The footbridge in its setting.

La pasarela vista en escorzo.
A foreshortened view of the footbridge.

171

La bifurcación de pasos.
The separation of the itineraries.

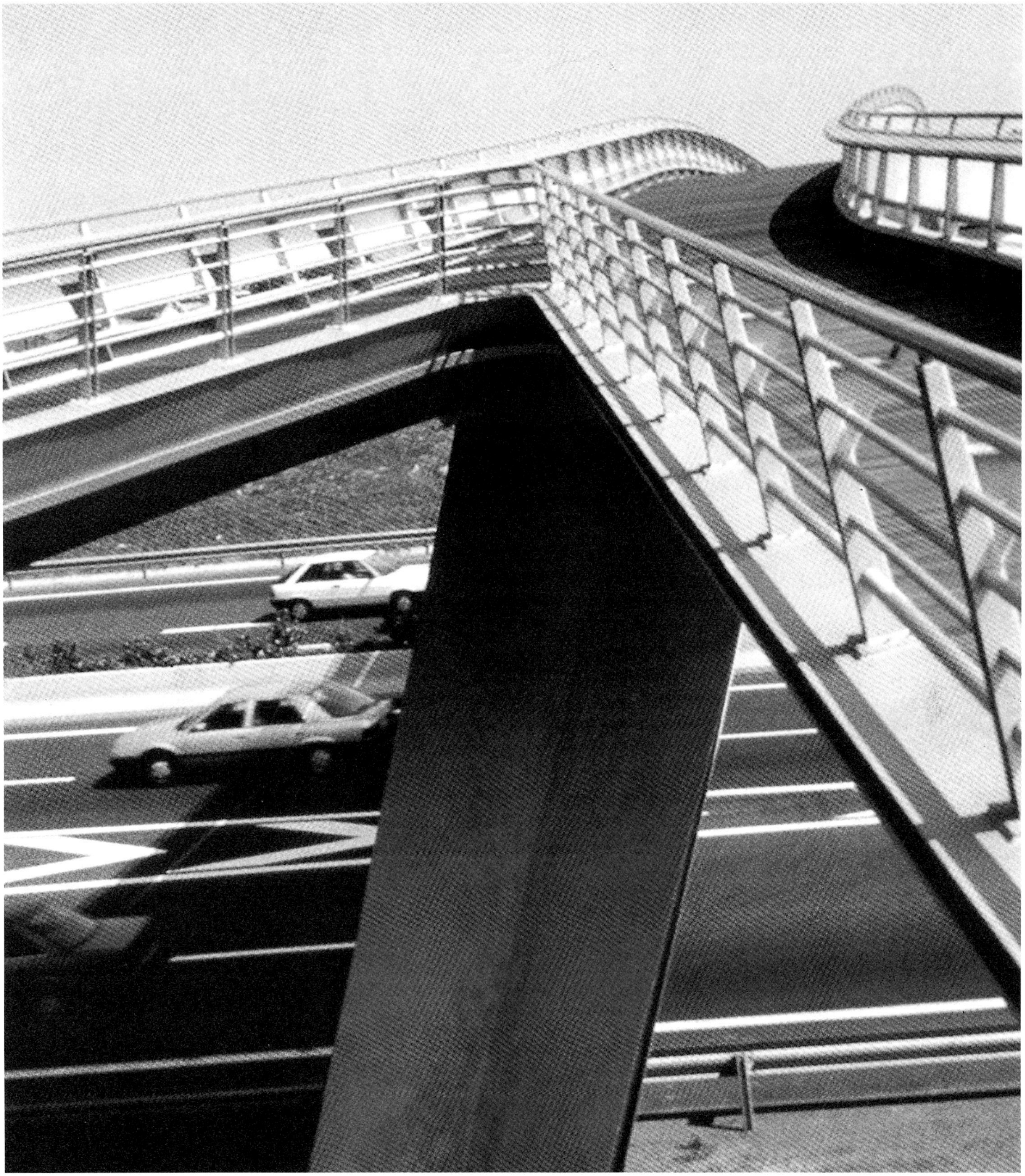

Secciones transversales.
Transverse sections.

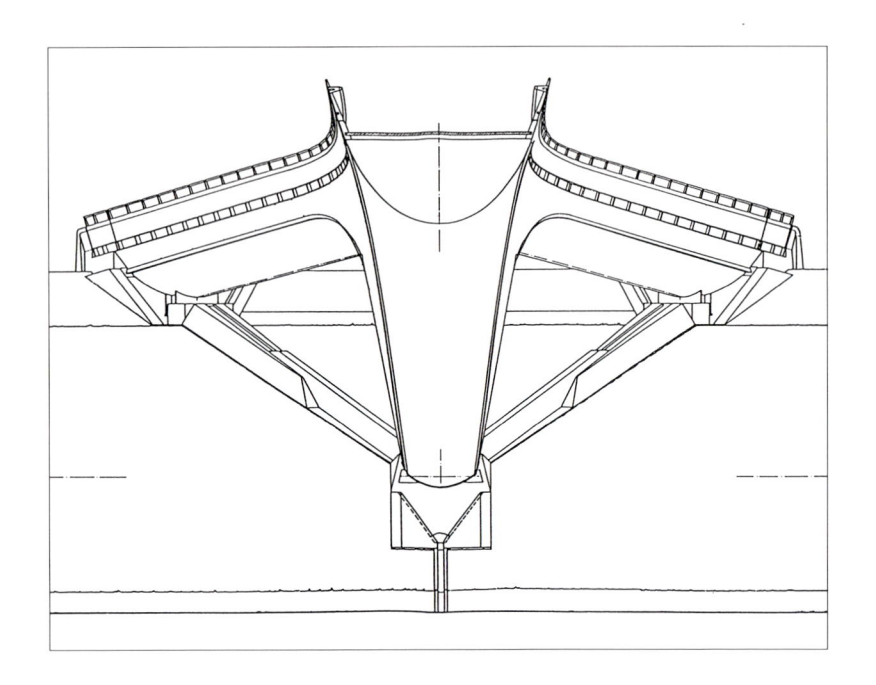

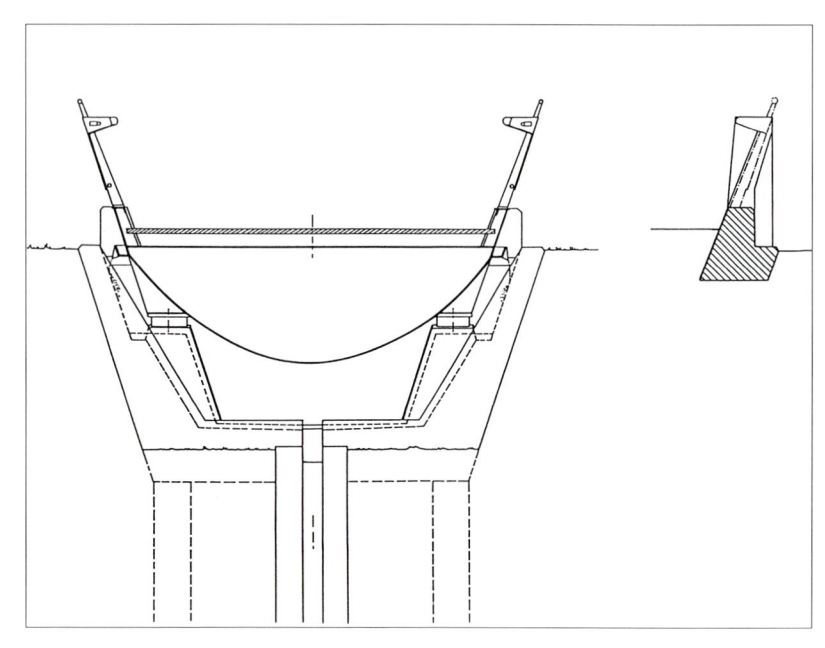

Encuentro de la pasarela con el estribo.
Meeting of the footbridge with the pier.

Axonometrías de los estribos.
Axonometric sketches of the piers.

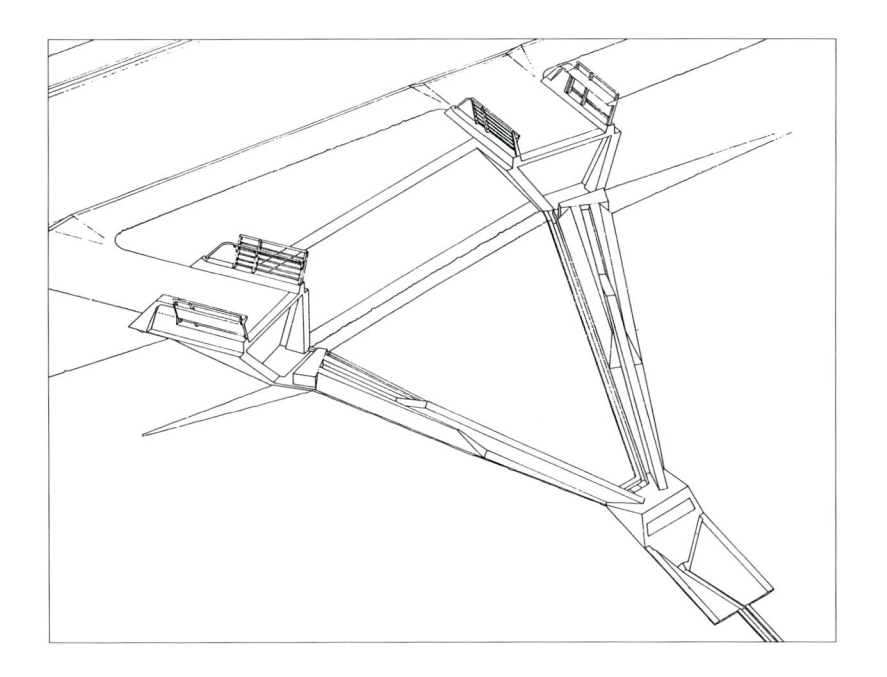

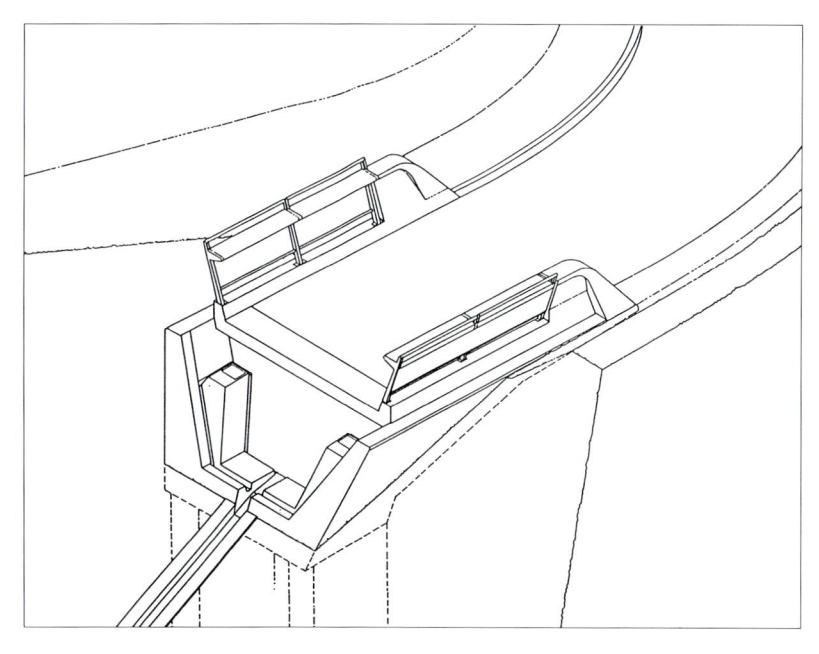

El montaje de la estructura.
Assembly of the structure.

175

Puente levadizo de la batalla de Texel Dunkerque, Francia. 1994

Pascale Seurin arquitecta e ingeniera

Battle of Texel drawbridge Dunkerque, France. 1994

Pascale Seurin architect and engineer

En Dunkerque, cerca de la plaza Mnick, tradicional lugar de encuentro entre la ciudad y el puerto, el puente proyectado por Pascale Seurin se levanta como una nueva puerta de entrada desde el mar. Su situación lo señala como símbolo de la renovación urbana que se está llevando a cabo en el área portuaria.

El puente se compone de dos tableros fijos y dos móviles. Los fijos, de hormigón, se apoyan en los muelles y en dos pilas asentadas sobre el canal de entrada. Los móviles se construyen mediante perfiles de acero normalizado y se rematan a ambos lados mediante impostas de aluminio de sección elipsoidal. A ellas se unen simétricamente los mástiles de iluminación que se construyen con el mínimo material y sección similar dando, con la imposta, apariencia de pieza continua.

El funcionamiento del puente es hidráulico, evitando así los contrapesos. Al ocultarse el mecanismo necesario para su movimiento en las pilas, el tablero y los mástiles de iluminación construyen un signo abstracto que simboliza y hace patente su movilidad.

La reflexión sobre este movimiento, su ritmo y cadencia, está en la base del diseño del puente, permitiendo entender tanto el papel de la estructura como el de la construcción y formalización de cada uno de sus elementos.

In Dunkerque, near the Place Mnick, the traditional point of encounter between the town and the port, the bridge designed by Pascale Seurin presents itself as a new gateway from the sea. Its situation marks it out as a symbol of the urban renewal being carried out in the harbour area.

The bridge is composed of two fixed and two movable decks. The fixed decks, of concrete, rest on the piers and on two piles situated in the entrance canal. The movable decks are constructed of standard steel sections and are flanked on either side by elliptical-section aluminium imposts. These imposts are symmetrically attached to the lighting masts, with their minimal use of material and section similar to that of the imposts, thus creating the impression of a single continuous element.

The bridge is operated hydraulically, and thus has no counterweights. With the hydraulic mechanism located in the piles, the deck and the lighting masts are free to constitute an abstract sign that symbolizes and manifests its mobility.

The design of the bridge is underpinned by the reflection on this movement, its rhythm and cadence, permitting an accurate reading of the role both of the structure and of the construction and formal realization of each of its elements.

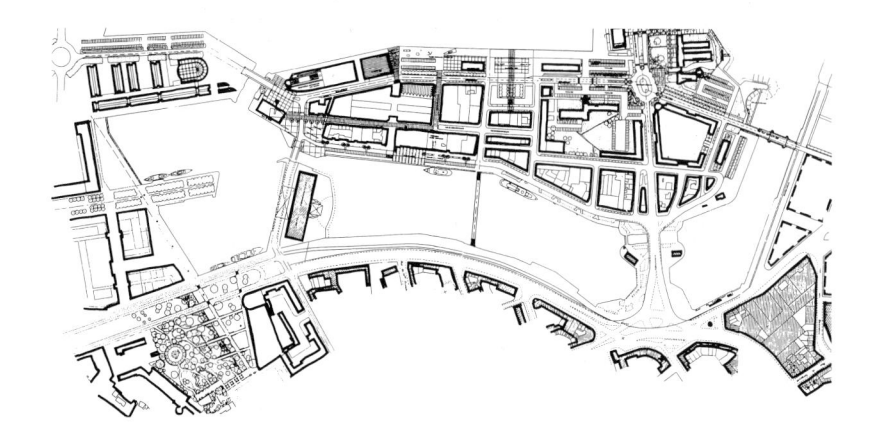

Emplazamiento.
Situation.

Planta.
Plan.

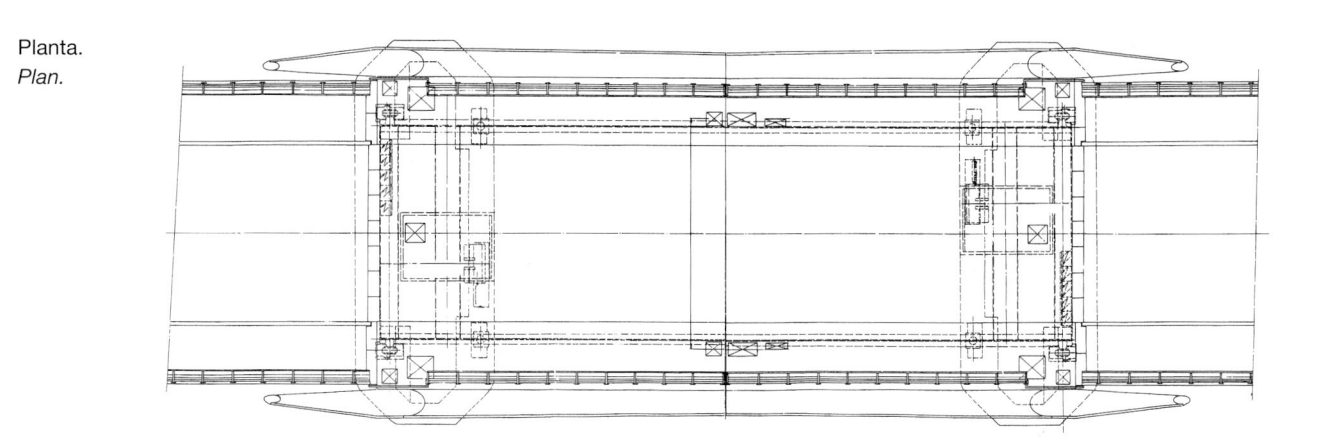

El puente en su entorno.
The bridge in its setting.

177

Secuencia de la apertura del tablero.
The sequence of opening the deck.

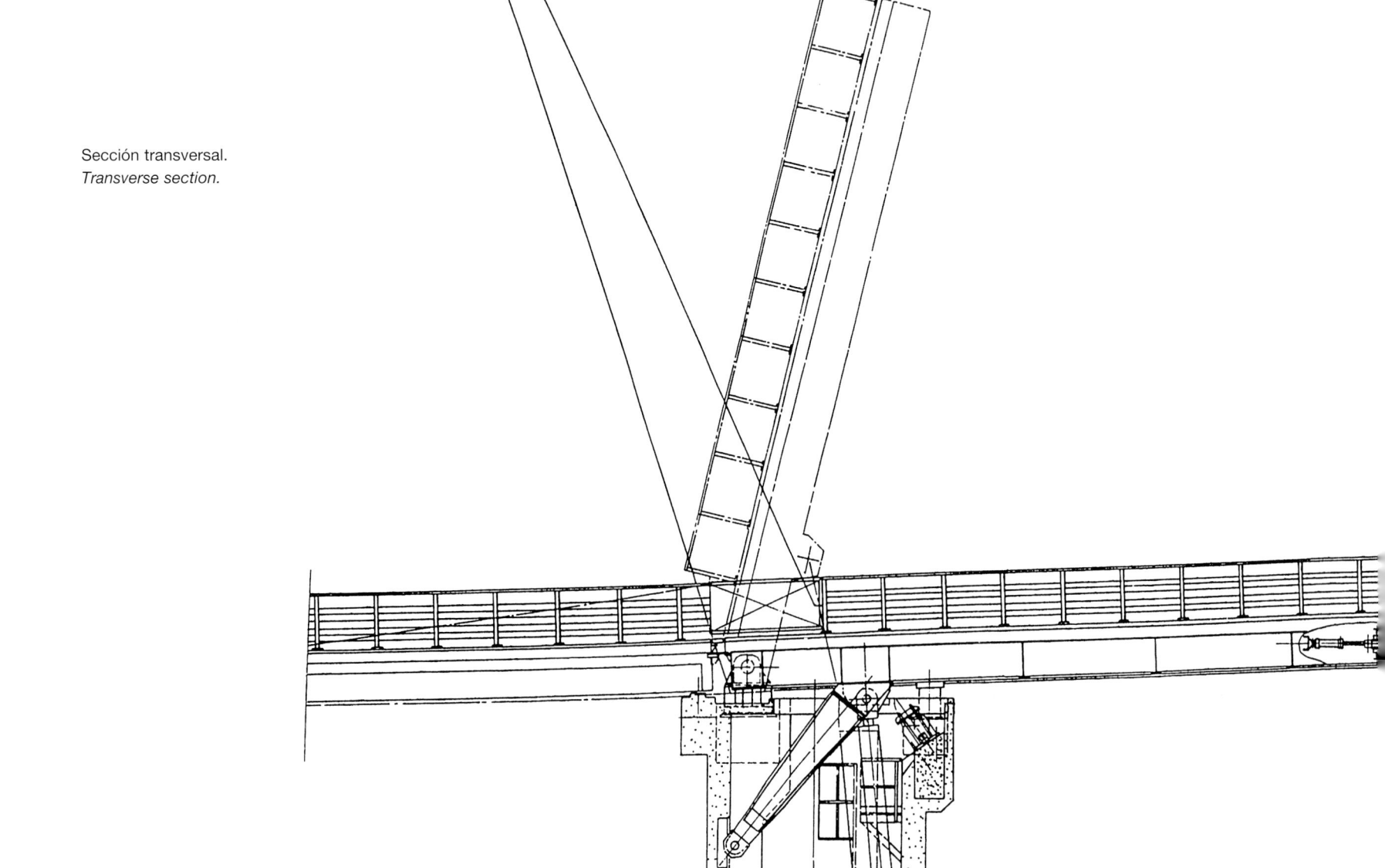

Sección transversal.
Transverse section.

178

179

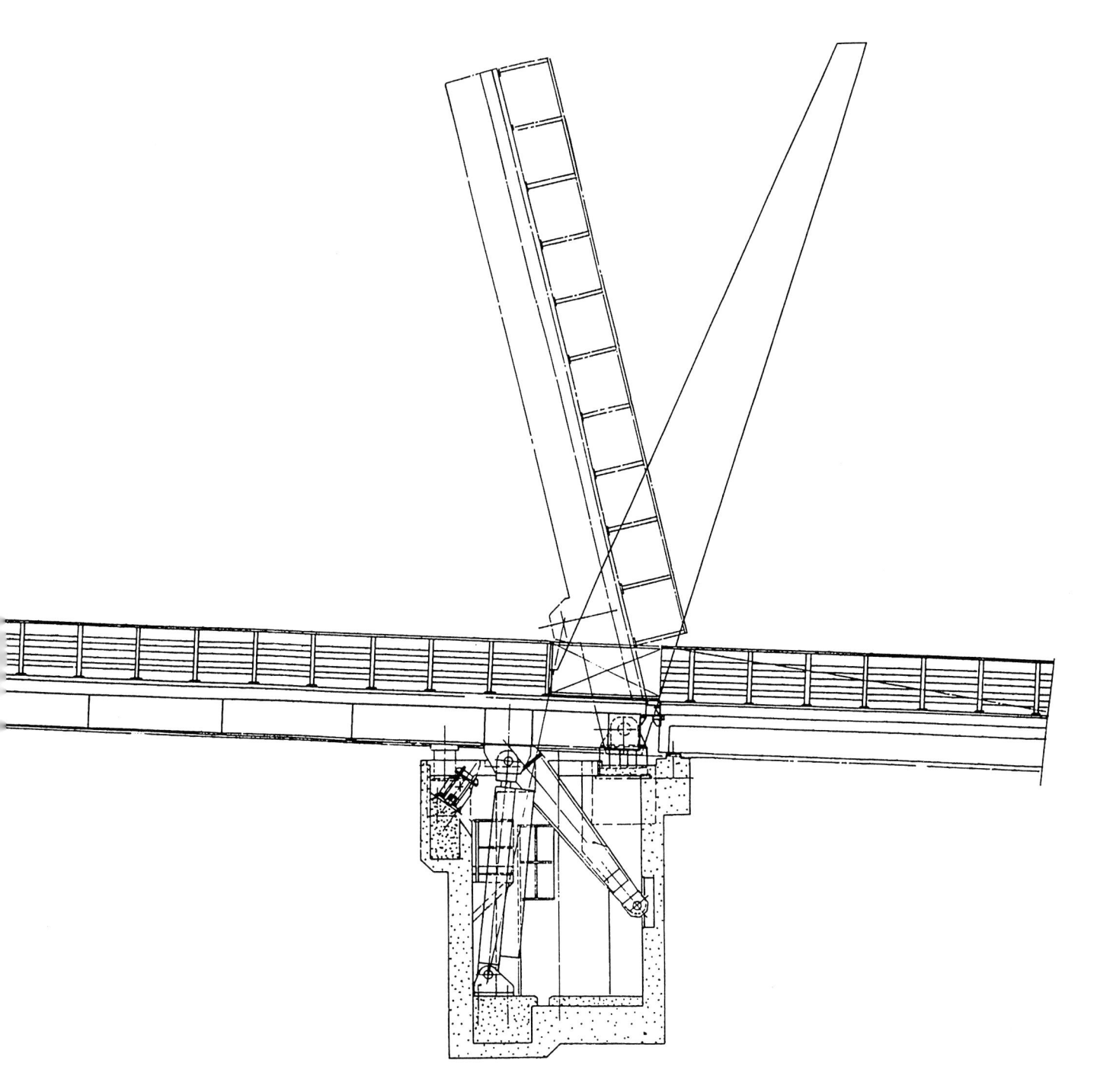

Puente sobre el río Spree Berlín, Alemania. 1991
Romuald Loegler y Pekka Salminen arquitectos

Bridge over the river Spree *Berlín, Germany. 1991*
Romuald Loegler and Pekka Salminen architects

El puente que diseñaron Romuald Loegler y Pekka Salminen se proyecta sobre el mismo lugar y para idéntica situación que el antes reseñado de Albert Speer and Partners.

La hipótesis de trabajo de Loegler y Salminen se centra en el valor y capacidad de la estructura para todas las cuestiones que la construcción del puente plantea, todo ello desde una óptica capaz de entender la estructura no sólo desde el rigor sino, especialmente, desde su significado y su expresión.

Así, el diseño particularmente aséptico del tablero es la condición primera para diseñar una estructura portante capaz de englobar pila, jácena, mástil e iluminación en un único e ineficaz trazado, desviado respecto al recorrido principal y sólo reconocible en su totalidad desde el lecho del río.

This bridge by Romuald Loegler and Pekka Salminen was designed for the same site on the Spree as the bridge by Albert Speer & Partners presented before.

The working hypothesis adopted by Loegler and Salminen is centred on the values and capacities of the structure in relation to the various issues posited by the construction of the bridge, approaching the whole from a point of view capable of rendering the structure intelligible in terms not only of disciplinary rigour but, above all, of signification and expression.

In consequence, the manifestly clean, sterile design of the deck is the first condition for the production of a load-bearing structure capable of drawing together pile, girder, mast and lighting in a single effective scheme, deviating from the line of the main itinerary and only fully legible from the river.

El puente en relación con el río.
The bridge in relation to the river.

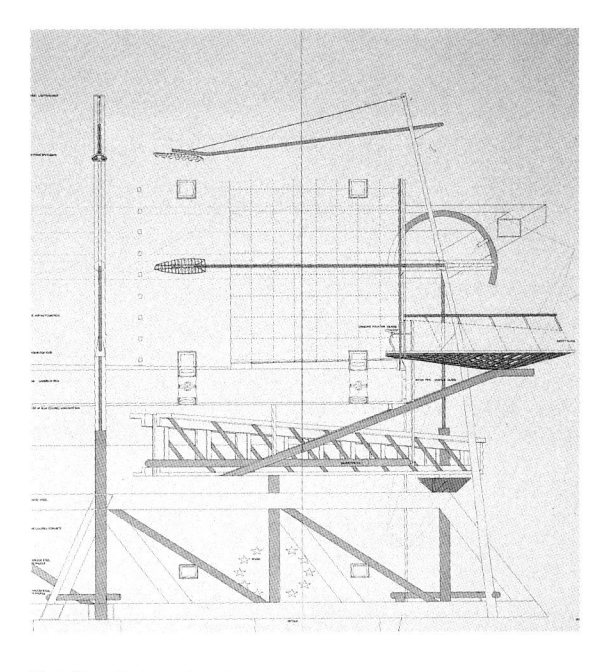

Detalles de la estructura.
Details of the structure.

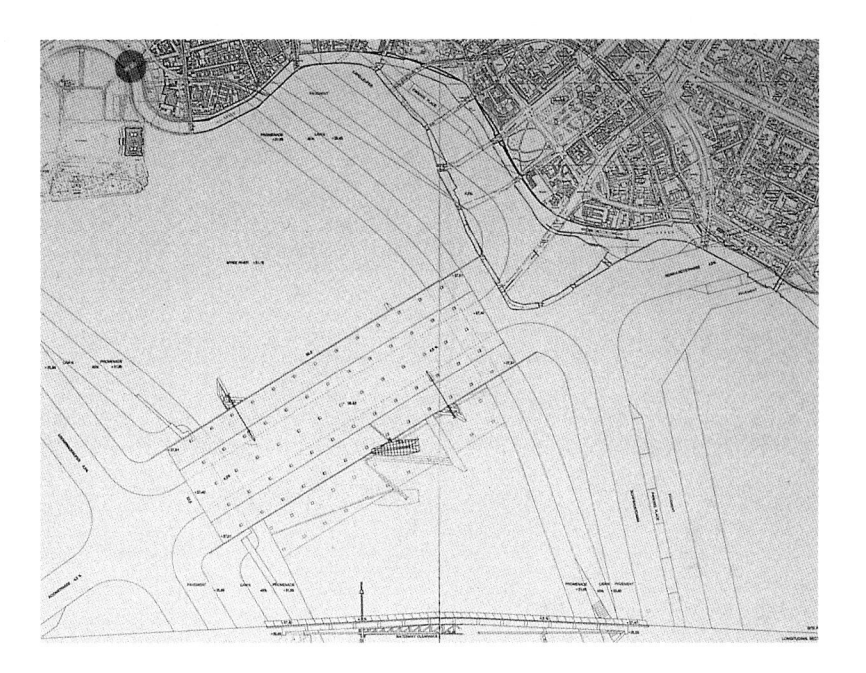

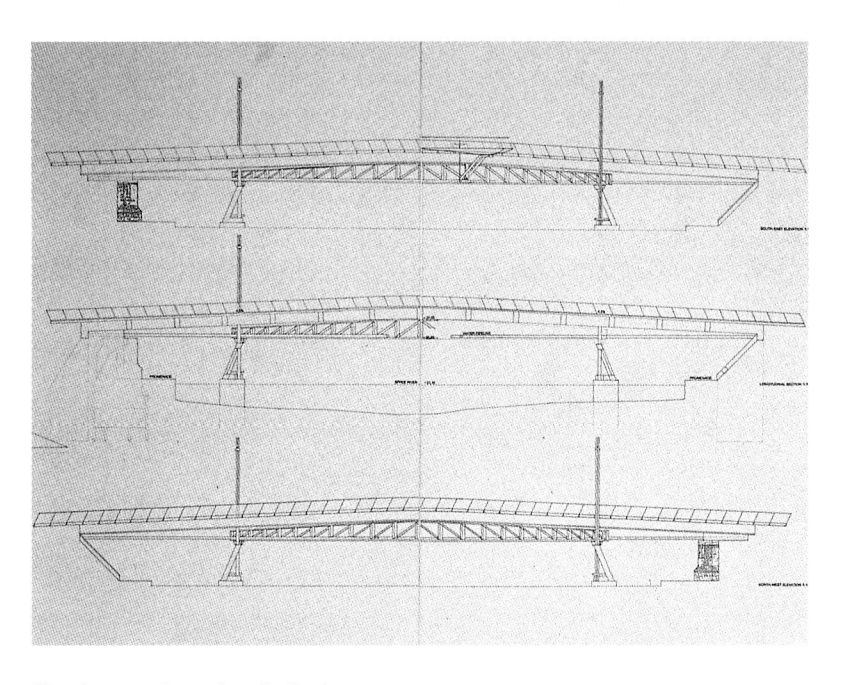

Emplazamiento.
Situation.

Alzado y secciones longitudinales.
Elevation and longitudinal sections.

181

El balcón sobre el río.
The balcony over the river.

La superficie de paso.
The surface of the deck.

El sistema de iluminación.
The lighting system.

Detalles de la estructura portante.
Details of the structure.

Edificio para juzgados en North Dade Miami, Florida, Estados Unidos. 1987

Arquitectónica Internacional Corporation. Colaboradores: Walter H. Sobel ASS., arquitectura judicial.

Cagley, Riva & Braaksma, estructuras Robert H. Tanner, acústica

Courthouse building in North Dade Miami, Florida, United States. 1987

Arquitectónica Internacional Corporation. In conjunction with: Walter H. Sobel ASS., courthouse architecture.

Cagley, Riva & Braaksma, structures Robert H. Tanner, acoustics

El edificio para juzgados de Arquitectónica se sitúa en un solar alargado de la periferia de Miami entre una vía rápida y un bosque protegido.

El edificio, en cuanto institución pública, demandaba una fuerte imagen que significara su presencia en la ciudad. Por otro lado, su construcción hacía deseable que el edificio actuase como límite de la degradación del bosque y restituyera parte del sentido y de la riqueza natural del lugar.

El North Dade Justice Center aparece, así, como si de una losa de gran canto se tratase, apoyándose sobre dos estribos que forman parte del edificio.

Cada pieza tiene funciones, estructura y materiales diferentes, permitiendo una rápida comprensión de su forma.

La composición como puente y la curva extrusionada del edificio crean una imagen suficientemente contundente sobre la vía rápida y significa su presencia frente al bosque.

The courthouse building by Arquitectónica is situated on an elongated plot on the outskirts of Miami, between an expressway and a protected area of woodland.

As an institutional public facility, the building required a strong image that would signal its presence in the city. At the same time, its construction was expected to mark a limit to the environmental degradation of the woodland and reinstate some of the natural richness and significance of the area.

The North Dade Justice Center thus presents itself in the form of a great deep slab, supported by the two piers that are part of the building itself.

Each element has its own distinct functions, structure and materials, effectively contributing to the immediate legibility of its form.

The composition as a bridge and the extruded curve of the building together create an image with a sufficiently potent presence on the expressway facade, while declaring its relationship with the woodland to the rear.

Vista general.
General view.

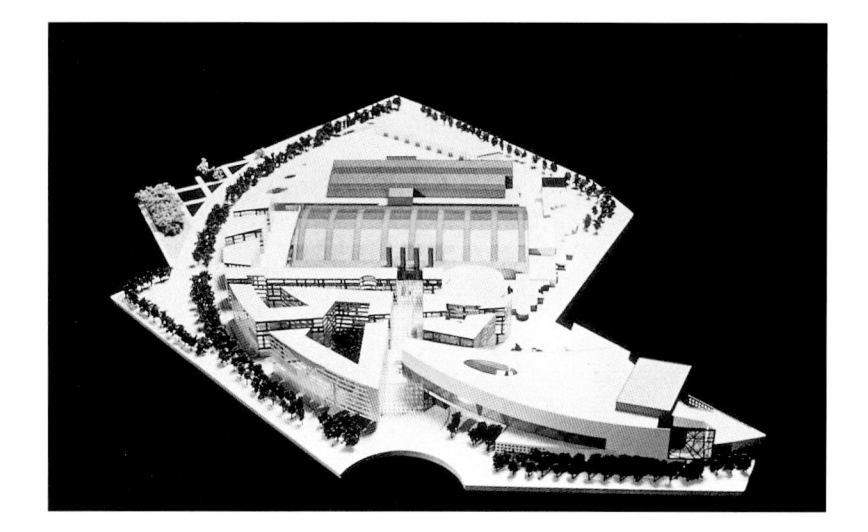

Vista desde la entrada.
View from the entrance.

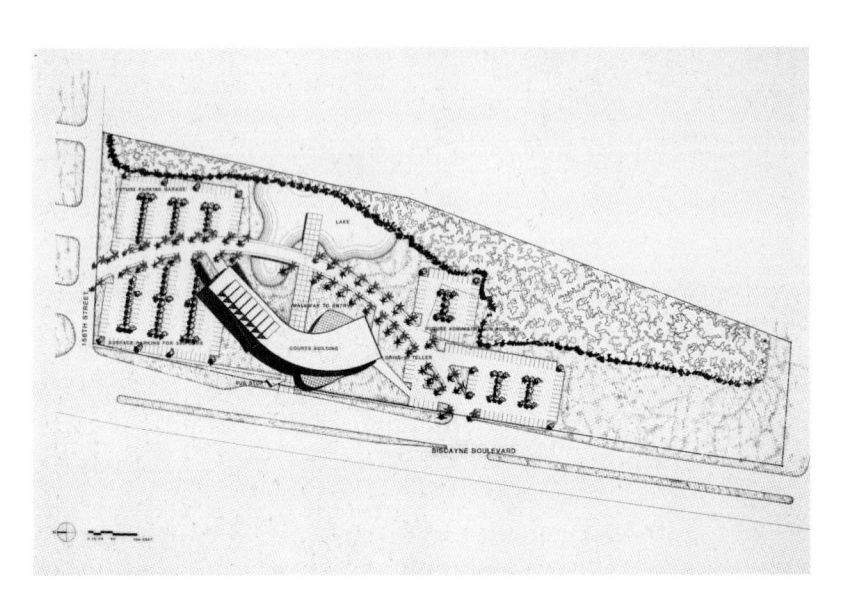

Planta de situación.
Site plan.

Axonometría.
Axonometric.

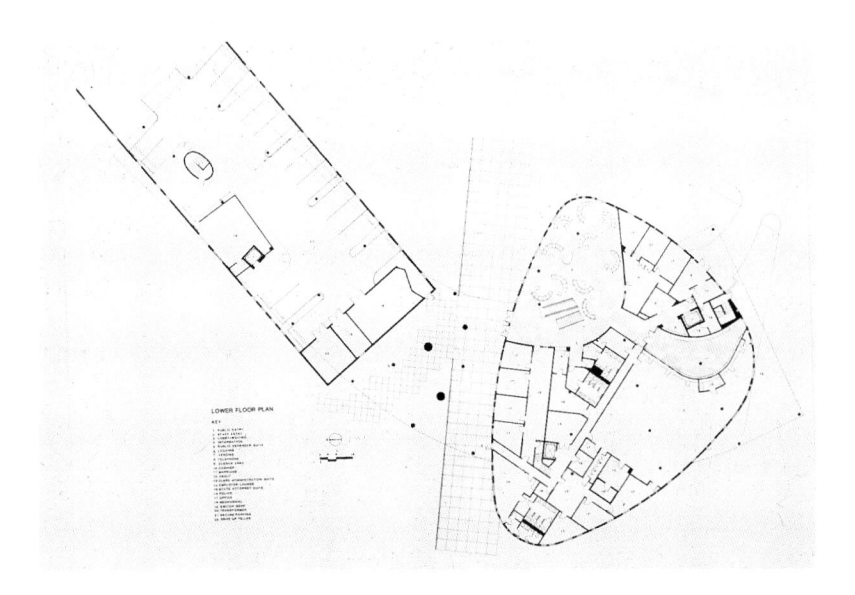

Planta baja.
Ground floor plan.

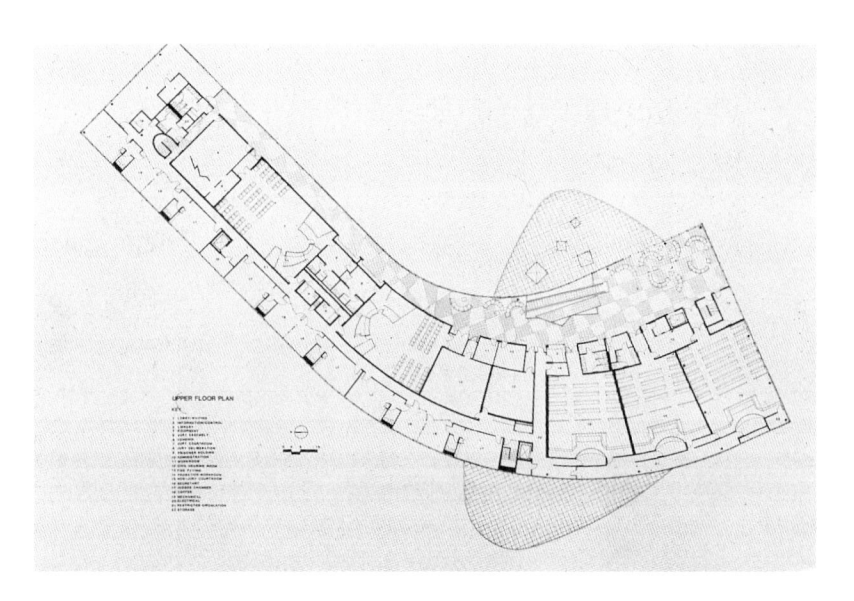

Primera planta.
First level plan.

Vista general.
General view.

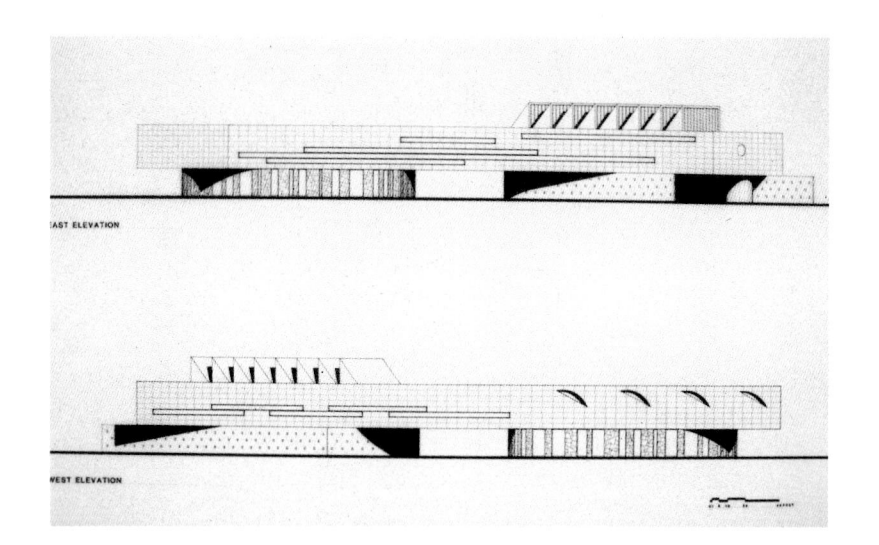

Alzados.
Elevations.

Vista general.
General view.

188

Vista lateral.
Side view.

Imagen de los lucernarios.
Exterior view of the skylights.

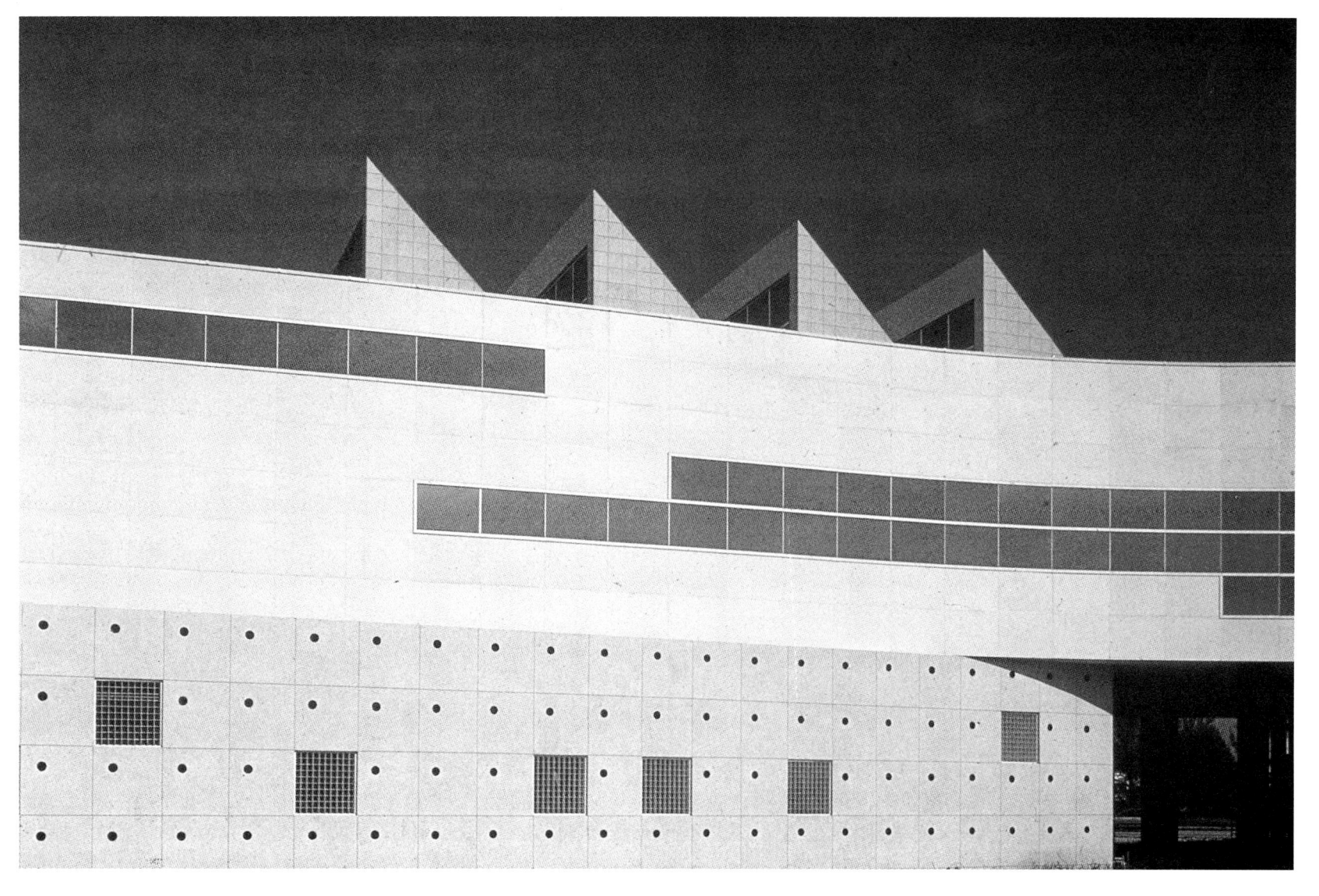

Bibliografía/*Bibliography*

Leonardo Benévolo, *Historia de la arquitectura moderna.*
Editorial Gustavo Gili, S.A., Barcelona, 1994 [7]

Giorgio Boaga, *Diseño de tráfico y forma urbana.*
Editorial Gustavo Gili, S.A., Barcelona, 1977

David J. Brown, *Bridges. Three thousand years of difying nature.*
Reed International Books Limited, London, 1993

Julio César/*Julius Caesar*, *Comentarios a la guerra de las Galias.*
Editorial Planeta, S.A., Barcelona, 1992

Filiberto Dani y otros, *Il libro dei ponti.*
Sarin, Roma, 1988

Guy E. Debord, *Posiciones situacionistas sobre la circulación. La creación abierta y sus enemigos.*
Las Ediciones de la Piqueta, Madrid, 1977

Guy E. Debord, *Comments on the Society of the Spectacle.*
Verso, London, 1988

Kenneth Frampton, *Historia crítica de la arquitectura moderna.*
Editorial Gustavo Gili, S.A., Barcelona, 1994 [7]

Heinz Geretsegger y Max Peintner, *Otto Wagner, 1841-1918.*
Academy Editions, London, 1979

Spiro Kostof, *Historia de la arquitectura.*
Alianza Editorial, Madrid, 1988

Fritz Leonhardt, Ponts. *L'esthétique des ponts. Puentes. Estética y Diseño.*
Presses Polytechniques Romandes, Lausanne, 1982

Henri Loyrette, *Gustave Eiffel.*
Office du Livre, Fribourg, 1986

Bernard Marrey, *Les ponts modernes.*
Picard Éditeur, Paris, 1990

Colin O'Connor, *Roman Bridges.*
Cambridge University Press, Cambridge, 1993

Aldo Rossi, *La arquitectura de la ciudad.*
Editorial Gustavo Gili, S.A., Barcelona, 1995 [9]

Carl E. Schorske, *Viena Fin-de-Siècle.*
Editorial Gustavo Gili, S.A., Barcelona, 1981

Robert Venturi, *Complejidad y contradicción en la arquitectura.*
Editorial Gustavo Gili, S.A., Barcelona, 1995 [8]

Procedencia de las ilustraciones/
Sources of the illustrations

Puente sobre el río Besós/*Bridge over the river Besos*
  Hisao Suzuki

Pasarela Solferino sobre el río Sena/
Solferino Footbridge over the river Seine
  Marc Mimram
  Hervé Ternisien
  Gabriel Roche

Pasarela en Vic/*Footbridge in Vic*
  Jordi Bernadó

Pasarela sobre la Ronda de Dalt/
Footbridge over the Ronda de Dalt
(Jordi Ferrando)
  Jordi Bernadó

Pasarela sobre la Ronda de Dalt/
Footbridge over the Ronda de Dalt
(Llorens/Soldevila)
  Lluís Casals

Puente en Petrer/*Bridge in Petrer*
  Eva Serrats

Puente sobre el río Spree/*Bridge over the river Spree*
  MARTINCOLOR

Pasarela en el complejo industrial Braun AG/
Footbridge in the Braun AG industrial complex
  Richard Bryant

Gimnasio puente/*Gimnasium bridge*
  Yukio Futagawa

Pasarela en el Museumpark/*Footbridge in Museumpark*
  Joan Roig
  Hans Werleman

Puente en Columbus/*Bridge in Columbus*
  Richard Scanlan

Bridge Over a Tree
  Robert Ogle

Noaa Bridges
  Larry Tate

Gazebo for two Anarchists
  Jerry Thomson

Translucent Bridge. Pont des Arts
  Peter Wilson

Puente en Ross´s Landing/*Bridge in Ross´s Landing*
  Site

Puente sobre el río Sil/*Bridge over the river Sil*
  Andrés Lozano

Puente para ferrocarril sobre la vega baja del río Guadalquivir/
Railway bridge over the flood plain of the river Guadalquivir
  Joan Tomás/OASIS

Puente Yunokabashi/*Yunokabashi footbridge*
  Hiroyuki Hirai

Pasarela sobre el río Spree/*Footbridge over the river Spree*
  Hans-Joachim Wuthenow

Pasarela de comunicación en el aeropuerto de Schiphol/
Transit footbridge in Schiphol airport
  Fridtjof Versnel
  Jannes Linders

Pasarela en el complejo industrial "Camy-Nestlé"/
Footbridge in the "Camy-Nestlé" industrial complex
  Andreu Trias

Vivienda unifamiliar/*Private house*
  Jordi Bernadó

Puente Erasmus sobre el río Maas/
Erasmus bridge over the river Maas
  H.U. Commerell
  Caroline Bos
  Hélène Binet

Puente de la Barqueta sobre el río Guadalquivir/
La Barqueta bridge over the river Guadalquivir
  Fernando Alda

Pasarela sobre la autopista/*Footbridge over a motorway*
  Marc Mimram
  Hervé Ternisien
  Gabriel Roche

Puente levadizo de la batalla de Texel/
Battle of the Texel drawbridge
  AGUR

Edificio para juzgados en North Dade/
Courthouse building in North Dade
  Patricia Fisher